U0099074

網路➕
大數據
精準行銷
的利器

前言

大數據時代的到來，改變了人們的生活方式，也改變了企業的生產和行銷行為。企業主導市場的時光已經一去不復返了，顧客變成了這個時代真正的主人。從衣、食、住、行，到娛樂、通訊、社交、金融等，社會中的一切都因為網路和大數據技術的誕生而發生了深刻的變化。

伴隨著顧客生活、消費方式的變化，企業的生產、行銷方式也被迫發生著改變。傳統企業只負責生產製造的時代已經結束了，每個企業要想生存下去，就不得不與顧客發生親密互動，在顧客的需求引導下尋求新的生存發展方式。而來自於顧客的資料，就是企業最好的決策依據。

下面這個故事，可以具體描述大數據精準行銷的本質。

　　某家必勝客的電話鈴響了，客服人員拿起電話。

　　客服：必勝客。您好，請問有什麼需要我為您服務？

　　顧客：你好，我想要一份……

　　客服：先生，煩請先把您的會員卡號告訴我。

　　顧客：16846146×××。

　　客服：陳先生，您好！您是住在中山北路一號 12 樓 1205 室，您家電話是 2646××××，您公司電話是 4666××××，您的手機是 0935234×××。請問您要如何付費？

　　顧客：你為什麼知道我所有的電話號碼？

　　客服：陳先生，因為我們連線到 CRM 系統。

顧客：我想要一個海鮮披薩……

客服：陳先生，海鮮披薩不適合您。

顧客：為什麼？

客服：根據您的醫療記錄，您的血壓和膽固醇都偏高。

顧客：那你們有什麼可以推薦的？

客服：您可以試試我們的低脂健康披薩。

顧客：你怎麼知道我會喜歡吃這種的？

客服：您上星期一在市立圖書館借了一本《低脂健康食譜》。

顧客：好。那我要一個家庭特大號披薩，要付多少錢？

客服：499 元，這個足夠您一家六口吃了。但您母親應該少吃，她上個月剛剛做了心導管手術，還在恢復期。

顧客：那可以刷卡嗎？

客服：陳先生，對不起。請您付現，因為您的信用卡已經刷爆了，您現在還欠銀行 4807 元，而且還不包括房貸利息。

顧客：那我先去附近的提款機提款。

客服：陳先生，根據您的記錄，您已經超過今日提款限額。

顧客：算了，你們直接把披薩送我家吧，家裡有現金。你們多久會送到？

客服：大約 30 分鐘。如果您不想等，可以自己騎車來。

顧客：為什麼？

客服：根據我們 CRM 全球定位系統的車輛行駛自動跟蹤系統記錄。您登記有一輛車號為 SBL-748 的摩托車，而目前您正在忠孝東路一段右側騎著這輛機車。

顧客：……

這雖然只是不好笑的笑話，但也是我們生活的真實寫照。大數據技術已經讓我們的生活透明而便捷。其實大數據並不是新鮮事物，資料與人類的關係從來沒有中斷過。只不過隨著科技的發展，大數據處理技術日益完善。人類能夠利用資料處理技術來發現人類行為的內在聯繫。亞馬遜購物網為什麼能比父母還清楚他們的孩子需要什麼？美國的一些大賣場為什麼知道在賣嬰兒紙尿褲的地方擺放一些啤酒會賣得更好？致電商家客服，為什麼他們能清楚地知道你的住址、朋友、旅程、病歷、資產？其實，這一切都是大數據在背後發生作用。顧客的生活和消費行為已經被轉化為一串串的數字，清楚地勾勒出他們的生活習性、興趣愛好、社交行為等。

這幾年，網路企業如雨後春筍般地蓬勃發展起來。各種各樣的企業都或多或少地與網路發生了聯繫。顧客網購衣服時，會在網站上留下自己的資料；當顧客利用 App 訂餐時，會在 App 中留下自己的資料；顧客利用叫車軟體、訂房網出去旅行、住宿時，又會留下相關資料……在這個時代，沒有一個人會逃得開網路、逃得開資料。企業亦是如此，不能在網路、行動網路抓住顧客的企業，其發展會變得舉步維艱。

那麼，企業到底該怎樣直達顧客內心，達成最精準的行銷呢？總體來看，當然是要建構屬於自己的資料後台，抓牢手機行動設備，利用資料收集顧客的需求和特點，制訂出恰當合適的行銷決策，達成網路實體的完美貫通，給顧客人性化、智慧化的服務體驗。但每個產業、每家企業都有自己的特點，要精準行銷就不能一概而論，要根據自身的資源和特點尋求屬於自己的行銷策略。

不過，有了大數據的指引，相信每個行銷者都能找到適合自己並擅長的行銷手段。在網路和大數據的浪潮裡，企業唯有緊跟潮流，才能持續發展！

目錄

第 1 章　數字迷人：大數據時代，行銷大變局

1.1　從 IT 到 DT，什麼變了？ 1-2

1.2　如果顧客控制了你的行銷，怎麼辦？ 1-6

1.3 　大數據為什麼能撼動世界？ 1-12

1.4　大數據商業變革，變革了什麼？ 1-16

1.5　精準行銷，為什麼在現在崛起與爆發 1-20

第 2 章　資料來源：顧客？搜尋引擎？還是 DT 技術？

2.1　思維變局，不能忽視的資料 2-2

2.2　精準行銷數據從哪兒來？ 2-6

2.3　建構屬於自己的行銷資料庫 2-11

2.4　DT 技術探索資料，要比顧客還瞭解自己 2-15

第 3 章　量身訂做：讓衣服穿在合適的人身上

3.1　用資料收集顧客適合穿什麼？ 3-2

3.2　如何以導購 App 收集資料，定位顧客？ 3-7

3.3　社群平台的服裝行銷策略 3-12

3.4　以資料提升服務，以體驗吸引顧客 3-15

第 4 章　主廚推薦：舌尖上的餐飲大數據

4.1　行動網路帶來的行銷管道變革 4-2

4.2　基於地圖的餐飲行銷怎麼做？ 4-6

4.3　如何積累自己的餐飲行銷資料？ 4-11

4.4　讓顧客參與，DIY 自己的餐點 4-15

4.5　社交飯局：社群平台上如何做餐飲行銷？ 4-20

4.6　未來食客們到底關注什麼？ 4-25

第 5 章　說走就走：地圖和街景資料中的行銷秘密

5.1　地圖知道你所有足跡的秘密 5-2

5.2　如何讓旅遊 App 知道顧客想去哪兒？ 5-6

5.3　出行無憂，大數據如何讓都市暢通無阻？ 5-10

5.4　街景地圖怎樣讓使用者足不出戶遊遍全世界？ 5-15

5.5　用無線設備收集景點遊客資訊，精準行銷 5-20

第 6 章　生活保姆：零售與大賣場打響大數據之戰

6.1　淘寶大數據的精準行銷 6-2

6.2　如何用大數據為顧客開好購物單？ 6-7

6.3　用資料決策商品搭配銷售 6-12

6.4　抓住「關鍵時刻」，精準行銷 6-16

6.5　劃分顧客類別，讓行銷進入顧客的心 6-19

第 7 章　影音萬能：依據使用者的喜好創作影音

7.1　搜尋引擎知道電影的票房 7-2

7.2　拍什麼作品，資料決定 7-6

7.3　影音網站的大數據精準行銷 7-12

7.4　如何在微電影、影片中達成精準行銷？ 7-17

第 8 章　社交通訊：大數據寶地，精準行銷利器

8.1　尋找社群平台上的大數據寶藏 8-2

8.2　騰訊為什麼與京東合作？ 8-7

8.3　社群平台上開故事會 8-11

8.4　如何吸引粉絲，做好粉絲行銷？ 8-16

8.5　通訊商的大數據實踐 8-20

第 9 章　廣告媒體：讓廣告只給有需求的顧客看

9.1　不一樣的時代，不一樣的廣告 9-2

9.2　如何讓廣告只給有需求的顧客看？ 9-6

9.3　新媒體如何做精準行銷？ 9-12

9.4　大數據如何讓傳統媒體達成精準行銷？ 9-16

9.5　攻佔手機 App 流量入口 9-19

第 10 章　金融理財：網路金融的顛覆與創新

10.1　網路改變了傳統金融市場的什麼？ 10-2

10.2　網路金融要精準人群，而不是精準媒體 10-6

10.3　如何用大數據做 P2P 網貸？ 10-10

10.4　協力廠商理財平臺如何吸引顧客？ 10-13

10.5　剖析眾籌模式的行銷模式 10-17

第 11 章　醫療服務：讓每個人都有自己的專屬醫師

11.1　大數據真的可以預測醫療方向嗎？ 11-2

11.2　求人不如求己的智能 App 11-5

11.3　如何根據流感疫情資料定制行銷方案？ 11-10

11.4　用大數據為病人尋求治療方案........................11-15

11.5　醫藥 O2O 怎樣掌控顧客健康？ 11-19

11.6　醫療 / 運動穿戴設備達成病人自助醫療 11-23

第 12 章　生產製造：用大數據多快好省，按需生產

12.1　大數據時代，需求決定生產 12-2

12.2　用資料定位顧客，探索顧客需求 12-5

12.3　個人化生產，讓顧客參與產品設計 12-10

12.4　如何以大數據提升傳統製造業核心競爭力？ 12-14

12.5　讓產品資訊化，建構企業行銷資料庫 12-18

第 13 章　共贏行銷：精準行銷時代的雙贏未來

13.1　大數據與精準行銷建構智慧未來 13-2

13.2　資料與雲建構人類的共用未來........................13-6

13.3　資料安全是大勢所趨 13-8

13.4　資料思維創造新的發展機遇 13-13

數字迷人：

大數據時代，行銷大變局

隨著大數據迅速又猛烈的發展，大數據時代已經到來，各行各業
都受到了大數據時代的影響。大數據技術的普及，牽一髮而動全
身，引發了一連串的骨牌效應。而作為企業營運最重要的環節之
一，行銷也因此迎來一場大變局。

1.1 從 IT 到 DT，什麼變了？

2014 年 11 月 19 ～ 21 日，首屆世界網際網路大會在浙江桐鄉烏鎮召開，世界網際網路大會也將永久落戶烏鎮，每年一屆，持續舉辦。世界網際網路大會是中國舉辦的規模最大、層級最高的網際網路大會，而首屆大會的主題則是「互聯互通，共用共治」，旨在為中國與世界互聯互通搭建國際平臺，為國際網際網路共用共治搭建中國平臺，讓全世界網際網路巨頭在這個平臺上交流思想、探索規律、凝聚共識。

首屆世界網際網路大會開幕之時習近平主席也發來賀信馬雲馬化騰李彥宏曹國偉等中國網際網路大咖也出席了本次大會就在月日阿里巴巴董事局主席馬雲在世界網際網路大會演講時表示人類正從時代走向時代

首屆世界網際網路大會開幕之時，馬雲、馬化騰、李彥宏、曹國偉等中國網際網路「大咖」也出席了本次大會。就在 11 月 20 日，阿里巴巴董事會主席馬雲在世界網際網路大會演講時表示：「人類正從 IT 時代走向 DT 時代」。

而早在 2013 年 5 月 10 日，在淘寶十周年晚會上，即將卸任阿里集團 CEO 職位的馬雲，在晚會上做了卸任前的演講。在演講中，馬雲說道：「大家還沒搞清 PC 時代的時候，行動網路來了；還沒搞清行動網路的時候，大數據時代來了。」

在過去的 20 年，IT（Information Technology）技術廣為人知，在資訊科技的蓬勃發展中，各行各業都發生著劇烈的變化，世界也隨之進入了資訊時代。而在很多企業對於 IT 還一知半解時，中國新一任首富馬雲卻說 DT 時代已經來臨。

到底什麼是 DT 呢？DT 是「Data Technology」的簡稱，就是資料技術的意思。IT 技術是以自我控制、自我管理為主的技術，而 DT 技術則是以服務大眾、激發生產力為主的技術。二者看起來只是一種技術的差異，實際上卻是思想觀念層面的差異，如圖 1-1 所示。

圖 1-1　大數據

正是憑藉思想觀念上的先人一步，阿里巴巴才能憑藉網路金融產品引發世界關注，並於 2014 年 9 月成功登陸 NASDAQ，馬雲一躍成為中國首富。而談及阿里巴巴的成功，馬雲則將之歸功於阿里巴巴的大數據、雲端運算戰略：「阿里巴巴是大數據的紅利獲得者。從 5 年前開始，我們在雲端運算上面做了許多投資，才誕生了網路金融。如果沒有資料支援，網路金融是不可想像的。」

而從 IT 到 DT，到底什麼變了呢？

第一，利他主義取代利己主義

IT 技術作為一種以自我控制、自我管理為主的技術，IT 時代所帶來的必然是利己主義的盛行，大家都在不斷地利用 IT 技術提高自身的競爭能力，這也是為什麼 IT 時代會誕生那麼多的龍頭企業：電子商務有阿里巴巴、京東，搜尋引擎有百度，即時通訊有騰訊，社群平台有微博……，而隨著 DT 時代的來臨，利他主義將成為時代的核心，就像馬雲所說：「你幫助的人越強大，你才會越強大。」

阿里巴巴之所以能夠成為電子商務的龍頭，並造就馬雲的首富地位，正是在於做電子商務的阿里巴巴並不是單純地為了自己的生存和發展，而是在幫助眾多的小企業獲得成功，為他們打造一個成功的平臺。

在 DT 時代，相信別人比你重要，相信別人比你聰明，相信別人比你能幹，相信只有別人成功，你才能成功。馬雲對於阿里巴巴的定位早已不是一個電子商務網站，而是電子商務的技術設施提供者，它所要創造的是一個被稱為三贏的新型商業模式，所謂三贏就是「顧客 WIN、合作夥伴 WIN，然後才是自己 WIN」的共贏的商業模式，如圖 1-2 所示。

圖 1-2　3W 模式

第二，顧客體驗成為行銷重點

隨著商品經濟的蓬勃發展，顧客的物質需求已經得到了極大的滿足，在這時候，顧客更為關注的則是自己的情感需求。而資料技術給了企業探索顧客情感需求的工具，也正是顧客的情感需求催生了資料時代的到來。在 DT 時代，企業必須學會以利他主義為核心。

DT 時代一個非常重要的特徵就是體驗，顧客要的不是煩瑣無用的服務，而是真正開心的感受。只有讓顧客感到滿意了，才會為產品買單。也因此，DT 時代最重要的標誌就是如何幫助別人成功。

2014 年，馬雲在接受媒體採訪時曾表示，天貓已經不是靠便宜來吸引大家，而是靠新產品、新服務創新來吸引大家。「DT（資料技術）時代一個非常重要的特徵是體驗，體驗就是感受。我們 20 世紀講了很多『服務』這個詞，我們不斷增加服務能力，但其實，顧客要的不是『服務』，顧客要的是『體驗』。」

企業無論是做什麼產品和服務，在 DT 時代想要獲得成功，要先問自己這樣一個問題：「你的顧客覺得這個有沒有用？」。如果只是你自己覺得這個東西好，設計師、工程師覺得這個東西好，結果顧客不喜歡、不使用、不買單，那你只是「湊熱鬧」，浪費自己的時間、精力和金錢而已。

在 2014 年「雙 11」期間，馬雲甚至發表了「感謝中國婦女」的言論。對此，馬雲解釋道：「體驗時代會顯得女人越來越厲害，她們身上有獨特的東西，懂得怎麼服務別人、怎麼理解別人、怎麼支持別人。」而在 DT 時代，企業更應依據資料去探索顧客的體驗需求。

第三，資料經濟重塑商業價值

現今，資料如空氣一樣，已經滲透到世界的每個角落。我們每天發微博、網購、玩手機，甚至聽音樂、看電影都會產生一條條資料。可以說，只要我們接觸到網路，資料就會產生。如果企業能夠將顧客的所有資料都收集完整，就可能比顧客更懂自己，探索出顧客的深層次價值。

很多人說網路就是顛覆，網路顛覆了傳統的零售業、金融業，甚至是餐飲、旅遊、看電影等各行各業，而網路之所以能夠在近幾年呈現出如此強大的顛覆能力，在於網路以資料為驅動的新經濟模式，正在不斷融入傳統產業當中，並對其進行改造。

因此，企業如果想在資料時代仍有錢可賺，就必須學會探索顧客資料當中的價值。隨著 DT 時代的到來，在這個以資料為基礎的新經濟時代，只有在資料方面做出成果，才能重塑傳統經濟的商業價值。而要在資料方面做出成果，就離不開雲端運算、大數據、快閃記憶體等資料技術的支援。已無法只

使用 Excel、Word 等傳統的 IT 技術，就想著探索出顧客資料的價值，對於資料技術的投入，將成為企業決勝 DT 時代的重要法寶。

從 IT 到 DT，什麼變了？什麼都變了。正如我們如今回顧 IT 時代之前，我們的衣、食、住、行哪個沒有發生改變呢？而當我們跨入 DT 時代後，就必須從思想觀念上做出改變，重視顧客體驗、引進資料技術，重塑商業價值，進而致勝 DT！

1.2 如果顧客控制了你的行銷，怎麼辦？

「大數據時代來了，行銷卻找不著方向了。」這是很多企業目前所能感受到的一個困局。隨著「七年級」、「八年級」成為消費主力大軍，對於已經習慣於在網路上完成一切活動的他們，讓傳統廣告、實體行銷手段的影響力逐漸下降。在大數據時代，企業大量的廣告投入有時候甚至比不上顧客朋友的一句評論或網友們的口碑推薦。

網路與資訊科技的高速發展，讓各產業的市場都變得更為廣闊，但也讓成本、價格資訊變得更為透明。在這種情況下，很多企業選擇的行銷手段就是「成本控制」，不斷縮減行銷成本，以更為慘烈的「價格戰」想要致勝市場。但這往往只是企業的一廂情願，「又要馬兒跑，又要馬兒不吃草」，這樣的行銷手段讓大量的行銷人員苦不堪言。

除此之外，有些企業認識到了社交媒體、電子商務的重要性，於是專門開闢了一個全新的部門，為新興消費群體提供服務。然而，部門職能的劃分，使得同一個顧客的消費資訊及消費回饋，可能被把持在不同的部門之中；不同的行銷部門之間又可能出於業績的考慮，在企業資源及顧客資訊上出現競爭。這樣的「內憂外患」不僅沒有使得企業行銷成本下降，反而使得企業整體營運成本不斷上升；與此同時，面對大數據時代的新型市場需求，企業的應對措施反而沒有帶來預期的成效。

面對行銷被顧客所控制的窘境，很多企業都在尋求自己的出路，然而有成效的卻微乎其微。有的企業甚至在不斷的掙扎中，讓自己鑽牛角尖進退不得。如果顧客控制了你的行銷，應該怎麼辦呢？

其實很簡單，企業只需要思考這樣一個問題：究竟是什麼原因讓顧客「由被動轉為主動」，掌握了市場上的發言權呢？有了答案就能抓住重點，精準出擊，如圖 1-3 所示。

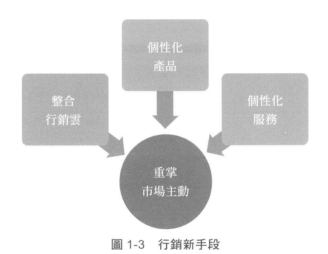

圖 1-3　行銷新手段

第一，整合雲端行銷以提高行銷效率

對很多企業而言，整合行銷並不是一個陌生的詞彙。所謂整合行銷，就是把各個獨立的行銷綜合成一個整體，以產生協同效應，而這些獨立的行銷工作包括廣告、直接行銷、銷售促進、人員推銷、包裝、事件、贊助和顧客服務等企業常態行銷作業，企業利用戰略性地審視整合行銷體系、產業、產品及顧客，制訂出符合企業實際情況的整合行銷策略。

在大數據時代，整合行銷則有了更深刻的意義。大數據時代的市場行銷，應當是以資料為驅動的，顧客與企業的每一次互動，包括購買、問詢、回饋甚至網路瀏覽等，都會為企業帶來顧客行為的資料。而利用對這些資料的有效分析，企業則可以找到各類資料之間的關聯，發現顧客的消費習慣和行為趨

勢。基於這樣的分析結果，企業可對自己的目標顧客進行進一步的細分，進
而制訂出更具針對性的行銷方案。在這些方案的實施過程中，企業也可以利
用嚴格的管控，得到更多的顧客資料。

然而，如果企業內部各司其職，行銷部門負責行銷，客服部門負責客服，資
料部門只是負責資料處理，就會使得資料的效用在不斷的銜接中出現損失。
因此，在顧客控制了你的行銷時，不僅要利用整合行銷來提高企業行銷效
率，更要打造整合雲端行銷，以提高企業反應速度，如圖 1-4 所示。

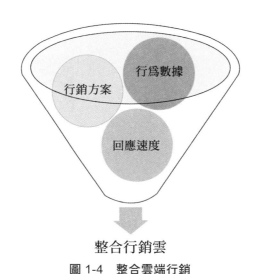

整合行銷雲

圖 1-4　整合雲端行銷

企業可以打造一個統一的平臺，讓企業各個部門都在此平臺上運行。這樣一
來，面對同一個顧客，不同的部門就可以將自己收集到的不同資料上傳到統
一的平臺上，而資料部門則可以針對不同部門的需求，對這些資料進行有效
的處理，快速地進行回饋。這不僅能夠極大地降低企業的行銷成本，更能大
幅促進企業行銷的一體化，讓企業具備更強的市場反應力，並能夠做出更為
優質的行銷決策。

第二，個人化產品以避免同質化競爭

改革開放 30 多年以來，中國的商品經濟已經十分發達，人們的物質需求得到了極大的滿足。中國大部分產業已由賣方市場進入了買方市場，顧客早已習慣了「貨比三家」的消費模式。而中國經濟的迅速發展，並未引發企業創新能力的大幅度增長。如今，中國最流行的是什麼呢？「山寨」！說到中國貨，幾乎大家第一時間想到的就是「山寨貨」的意思，甚至有人調侃：「如果把『山寨』翻譯成英文，就是『Made in China（中國製造）』。」

而「山寨」的盛行，導致了中國市場上嚴峻的同質化競爭。例如，蘋果手機賣得好，跟風出了一堆「山寨」的蘋果手機。除了外觀之外，功能幾乎都不值一提。那他們怎麼達成銷售呢？「價格戰」！同質化競爭帶來的結果就是「價格戰」。為什麼呢？因為大家的產品幾乎一樣，顧客買哪一個都無所謂，自然會選擇最便宜的。

在大數據時代，資訊變得更為透明，傳播得也更為迅速、廣泛，電子商務的蓬勃發展，使得顧客在購物時，已經不是貨比三家，而是「貨比三百家、三千家」。尤其是在服裝產業，上淘寶網搜尋一個關鍵字，立刻都能出來幾千家賣場，點進去一看，衣服長得都一樣，到底買哪家的呢？自然買便宜、評論好、銷量多的，企業失去了市場的主導地位，在行銷過程中只能「喊破喉嚨」降價。

因此，當顧客控制了你的行銷時，第一件事就是要思考企業自身的情況，看看自己是否陷入了同質化競爭的困境。如果你是同質化競爭的一員，請立刻跳出來！最明智的選擇就是實行個人化行銷。

大數據時代的行銷理念已經從「媒體導向」朝「受眾導向」轉變。在過去，企業只需要選擇知名度高、瀏覽量大的媒體投放廣告、邀請明星代言，就能夠迅速打響知名度，達成銷售。而今，企業在行銷時則需要以「受眾」為導向，誰是你的「受眾」呢？就是你的潛在消費群體。立足於大數據技術，企業則可以明確知道自己的目標顧客在哪裡，甚至知道目標顧客正在關注什

麼。熟練使用大數據，甚至能夠做到當不同的使用者關注同一媒體的相同介面時，媒體可以為之推播不同的廣告內容，這正是大數據時代為個人化行銷所帶來的重大契機。

第三，個人化服務以打造顧客黏性

顧客之所以能夠控制你的行銷，是因為你需要顧客帶來利潤，但顧客並不一定只有消費需求需要滿足。那麼，當顧客控制你的行銷時，你就不能僅僅從自己的產品行銷和企業內部協調著手，更應該關注自己的服務行銷。

產品的個人化定制以及個人化行銷如圖 1-5 所示，確實能夠幫助企業快速將自己的產品推播到目標顧客面前。但要知道，熟知個人化行銷秘訣的人不止你一個，當大家都採取個人化定制的時候，同樣會使企業陷入同質化競爭的桎梏。因此，企業不僅要從產品著手，更要從服務著手。

圖 1-5　個人化服務

在大數據時代，行銷的最高境界必然是落腳於顧客服務。單純從顧客的物質需求出發，企業雖然能夠獲得一定的優勢，但也會迅速被同行趕上。而良好的服務並不是每家企業都能學會的。王品集團之所以能夠迅速從眾多餐飲企業中脫穎而出，正在於其真正的「顧客至上」的服務。此後雖然有很多業者仿效，但成功者卻寥寥無幾。其一是因為王品集團的服務文化並非每家企業都能迅速學到；其二則是因為當顧客體驗了王品集團的服務之後，就會形成黏性，感覺其他的餐廳都相去甚遠。

顧客對於服務的需求是不同的，有的需要快速、高效的服務，有的需要真誠、溫馨的服務，有的則需要關懷備至、體貼入微的服務。對於不同的產品、不同的目標顧客，企業需要運用大數據探索顧客的個人化服務需求，給予滿足，將顧客黏在自己的「船上」。

當發覺被顧客控制了你的行銷時，要學會重新佔據主動權。而要佔據主動權，首先要利用大數據從企業內部提高企業行銷效率，其次要開發出個人化的產品以滿足顧客的個人化需求，最終則要以優質的個人化服務將顧客打造為自己的忠誠顧客，讓他們擁有「除卻巫山不是雲」的消費體驗。

1.3　大數據為什麼能撼動世界？

大數據被視為雲端運算之後的又一科技熱點，更被當做新時代的象徵。無論是走在時代前沿的網路新興產業，還是關係到人們日常生活所需的醫療、電力、通訊等傳統產業，大數據無時無刻都在改變著人們的生產生活方式。在這樣的巨變之中，大數據發揮著撼動世界的力量。

2014 年 11 月 11 日，阿里巴巴在「雙 11」當天總銷售額達到 93 億美元，這離不開阿里巴巴近 5 年來對於大數據的高度重視。就在前不久，阿里巴巴的資料分析師對阿里巴巴內衣的銷售資料分析後發現，「購買內衣罩杯越大的女性花的錢越多」。而這僅僅是阿里巴巴利用每天數以千萬計的訂單篩出的一則訊息而已。阿里巴巴每天究竟能夠分析出多少資訊，我們不得而知，但阿里巴巴副主席蔡崇信稱：「這只是冰山一角，阿里巴巴對資料的利用率不足 5%。但這些資料將讓網站變得更有效，讓顧客更滿意。」

而在更早幾年，2009 年 H1N1 流感爆發之時，Google 就利用收集使用者的網上搜尋資料，並對其進行分析，在流感爆發的幾週之前，就判斷出傳播源。這也使得美國公共衛生機構的官員基於這樣一份極具價值的資訊，迅速做出有效的行動決策，比美國疾病管制中心做出判斷還早了 1 ～ 2 週的時間；而在這樣的災難面前，1 ～ 2 週的時間的意義就是挽救了許多生命。

繼阿里巴巴上市造就了馬雲的中國首富地位之後，著名社交網站推特（Twitter）的上市計畫也引起了業界的廣泛關注。推特的發展離不開大數據的支持，業內甚至曾經傳言，在推特 2012 年 1.23 億美元的營收中，有 4750 萬美元來自將資料提供給一些迅速增長的公司，這些公司利用對這些資料進行分析，透視新聞事件和發展趨勢，進而在下一步的發展計畫中搶佔先機。

對於一家社交網站而言，擁有大流量資料是必然的。在全球最熱門的社交網站推特上，每天大量使用者發表的各種訊息，已經創造出了一個龐大的商業生態系統，為產品開發商、電影公司、大型零售商及金融投資公司提供了大

量資料，以便洞察顧客習慣和心理。不僅如此，甚至聯合國都在利用來自於推特的演算法，以精確瞭解社會熱點問題。

大數據正在撼動世界，已是不可爭議的事實，如圖 1-6 所示。無論是網路業，還是傳統產業，無論是在經濟領域，還是在政治、文化、科學、教育、衛生領域，大數據都發揮著巨大的力量，讓全世界人民的生產、生活都進入了一個全新的時代。大數據撼動世界的原因主要有以下三種，如圖 1-7 所示。

圖 1-6　DT 撼動世界

社群平台產生大量數據

資訊技術與各行業的
深度融合

大數據是技術創新的
重要泉源

圖 1-7　大數據改變世界的手段

原因一，社群平台產生大量大數據

大數據的來源很多，最重要的來源正是網路；而在如今的網路中，要說哪個平臺所蘊含的資料量最多，那無疑非社群平台莫屬。在各式各樣的社群平台上，大量的使用者不斷地發表自己的心情、經驗、新聞信訊，這些訊息包括了文字、圖片、影片、語音等多種形式。

近幾年，社群平台飛速發展，新浪微博、騰訊微博、微信等社群平台的爆紅，使得大數據能夠持續產生。也正是立足於這樣龐大的使用者資料資源，我們才得以擁有進入大數據時代的基石，大數據也因而得以發揮撼動世界的作用。

原因二，資訊科技與各產業的深度融合

有專家指出：「在未來 10 年的時間裡，大數據及其分析將改變幾乎每一個產業的業務功能。從科學研究到醫療保險，從金融產業到網路，各個不同的領域都在遭遇爆發式增長的資料量。」一個重要的事實就是，在美國的 17 大產業中，已經有 15 大產業有企業建構的巨型資料庫，而其平均擁有的資料量甚至已經遠遠超過了美國國會圖書館所擁有的資料量。

在交通、能源、材料、商業和服務等各行各業，甚至在新聞傳媒領域，資訊科技都正在發揮重要的作用；而各個產業與資訊科技的深度融合，促使資訊科技最新的發展成果——大數據技術能夠迅速地在各產業內部得到應用。

企業與大數據的進一步融合，則能夠為企業甚至是社會帶來意想不到的成效。在傳統製造業領域，製造企業在管理產品生命週期時，如果能夠熟練地採用大數據與資訊科技，包括電腦輔助設計，工程、製造、產品開發管理，數位製造和資料分析等技術，製造商就可以打造一個全新的產品生命週期管理平臺，將多種系統產生的資料整合，創造出滿足市場需求的全新產品。

麥肯錫甚至發表預測：「在醫療與健康產業，如果具備相關的 IT 設施、資料庫投資和分析能力等條件，大數據將在未來 10 年，將使美國醫療市場獲得每年 3000 億美元的新價值，並削減 2/3 的全國醫療成本。」

原因三，大數據是技術創新的重要泉源

「科技是第一生產力」，已經沒有人會否認科技發展對於經濟、社會發展所具有的重大作用。而科技要不斷地發揮自身的力量，則需要以不斷的創新作為支援。資訊科技的飛速發展，使得人類的生活發生了翻天覆地的變化。如今，許多單純依靠人力的工作都已經被電腦和機器人所取代。而隨著大數據的應用，我們有理由相信，那些原來還需要依靠人類判斷的領域，都將由具備資料分析和資料收集功能的電腦系統發揮作用。

大數據最核心的價值在於其對於巨量資料進行儲存和分析。相比現有的其他技術而言，大數據的「廉價、迅速、優化」的優勢尤為突出，對於高速發展的企業而言，正是最迫切的需要。當積累出來的巨量資料，利用技術創新在各行各業發揮作用的時候，這個世界也必將被大數據所撼動。

在大數據時代，一則合適的情報，都可能促進創新的大進步；一組合理的資料，也可能創造難以想像的新發明；一次智慧的使用，甚至可能推動無關領域的大發展……大數據的能量，能夠利用技術創新層層放大，最終成為撼動世界的槓桿。

1.4　大數據商業變革，變革了什麼？

大數據正在撼動世界，利用電子商務、網路行銷、O2O 等多種手段，大數據也造成了一系列的商業變革。對於那些能夠靈活運用大數據的企業，我們已經難以分辨它們到底是網路業？製造業？或是服務業？相比網路產業而言，傳統產業更應當抓住大數據商業變革的機會。

2013 年，寶潔公司率先開啟大數據商業變革。寶潔的商業智慧團隊在行銷策略上做出了諸多調整，最為典型的就是，寶潔公司利用大數據分析，發現寶潔天貓旗艦店的顧客更傾向於購買高級產品。因此，寶潔公司在推廣自己的高級護膚產品「東方季道」時，選擇了網路優先的方法。而在此之前，寶潔一直採取的是所有通路統一鋪貨的方式。除此之外，基於對大數據的分析，寶潔公司對產品線進行全面的調整，從過去單純注重銷量，改為以利潤為重點。

在寶潔公司的大數據商業變革中，大數據已不是一種簡單的技術工具，而成為了寶潔公司的新型管理文化，也就是「基於資料的決策」文化。在這樣的管理文化下，寶潔公司建立了一整套基於資料的有效運行機制。為了不斷提供自身的資料收集、整理、分析能力，寶潔公司在全球彙集了大批的相關專家，為其全球商業團隊提供解決方案。因此，在新的經濟環境下，寶潔公司也能夠繼續維持自己的市場地位。

如風達是北京的一家快遞公司，在大數據時代來臨之初，如風達的管理層並沒有意識到資料分析的重要性；但在 2012 年，如風達的技術人員提出了一份資料分析模型，而此模型竟然準確預測出如風達即將面臨的訂單暴漲情況，最後與實際訂單數相當接近。自此以後，如風達的管理層開始重視起大數據商業變革。如今，如風達已經成為一家仰賴資料的快遞公司，並針對超時區域的共性問題建立了一套相應的解決方案，以幫助快遞員優化安排配送順序及線路。如果顧客要求的是容易被投訴的服務，系統還會自動發出提前預警，讓快遞員在通知顧客取件時更加客氣一些。

那麼，大數據商業變革，到底變革了什麼呢？如圖 1-8 所示。

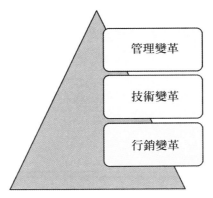

圖 1-8　大數據商業變革的內容

變革一，管理變革

靈活運用大數據的關鍵並不在於企業擁有多少優質的資料，而在於企業是否能夠重視資料並形成基於資料決策的企業文化。隨著各種開放性平臺的發展，企業擁有很多的管道去獲得資料；但如果企業不想去獲取、不重視獲得的資料，那麼大數據所帶來的變革也與企業無緣。

重視大數據時代的變革，必須從領導者做起。對於大數據的良好運用，可以讓企業從過去的感性決策變為理性決策，企業也不用擔心因為領導者突發奇想的決策而走入困境。因此，領導者自身必須重視大數據，並從數據去發現商機、開拓市場，同時領導企業走向大數據時代的變革之路。

在重視大數據作用的同時，經營者也要避免對於資料的迷信。資料確實能夠為領導者提供科學決策的依據，但如果領導者只是將資料作為自己突發奇想決策的依據，或者是迷信完全不符合客觀事實的資料而做出決策，那無疑是對大數據的錯誤使用了。

經營者在利用大數據時，必須充分考慮到各個部門決策對於資料的需求，把相關資料快速地分配到不同的部門。大數據時代的變革所帶來的一個挑戰就

是如何將整理出來的資料應用到合適的部門。這就需要領導者能夠建立起一個靈活的組織架構，促進企業各部門之間的合作。

變革二，技術變革

對企業而言，雜亂無章的資料是沒有多大用處的，在收集到各種各樣的資料之後，只有經過整理、歸納、分析，大數據才能發揮出其應有的作用。這就離不開處理大規模、多形式資料的技術和工具。

對一般的企業而言，想要擁有自己獨立的大數據處理技術，成本著實令人望而卻步。在這樣的情況下，企業只有與各類大數據、雲端運算技術公司進行合作，以較低的成本獲得完善的大數據技術。而當企業能夠獲得較為廉價的技術時，企業內部的資料技術人才則顯得尤為重要。由於大數據時代的各種資料並非結構化的，面對多種形式的資料，一個合格的資料技術人才不僅具備成熟的統計學技術，還能夠懂得各種「商業語言」。

變革三，行銷變革

商品經濟的蓬勃發展，使得顧客的物質生活得到了極大的豐富，個人化開始成為顧客消費的主要需求。如今，顧客「貨比三家」不再是為了找到最便宜的，甚至不是為了找到性價比最高的，而是為了找到自己最想要的。

就拿手機為例，最便宜的是國產手機，性價比最高的肯定不是蘋果手機，那為什麼蘋果手機在中國賣得最好呢？正是因為蘋果手機滿足了顧客的個人化需求，高級化的產品定位和極簡的社交元素，得到了廣大顧客的喜愛。

在大數據時代，個人化將成為顛覆一切傳統商業模式的力量；企業如果只是想一如以往地進行行銷，只會吃力不討好。立足於大數據，企業能夠輕易地探索出顧客的個人化需求，達成自身的可持續發展。

在這樣的行銷變革中，很多企業雖然坐擁巨量規模的大數據，設計出來的產品或服務卻仍然與顧客的個人化需求謬以千里。之所以如此，正是因為企業

對顧客的瞭解仍然局限於一個片面的維度之中。例如，賣服裝的就只研究顧客的服裝消費偏好，賣鞋的就只研究顧客的鞋類消費偏好，而對顧客缺乏全面的瞭解。

打個比方，甲企業是賣襯衫的，乙企業是賣牛仔褲的，丙企業是賣鞋的，那甲企業在研究顧客襯衫消費偏好的同時，也可以收集顧客在乙企業、丙企業的消費偏好。例如顧客喜歡購買深色的牛仔褲和帆布鞋，那麼甲企業就可以向顧客推薦休閒系列的襯衫。這樣的行銷才更為精準，讓顧客覺得貼心，進而得到顧客的喜愛，推動消費行為的發生。

企業家必須切實地瞭解顧客在多個領域內的資料，才能建構出一個多維度的顧客偏好圖譜，達成行銷的精準，為顧客提供個人化的產品和服務。而這樣的行銷變革的需求，也必將使得「資訊孤島」問題凸顯出來。

很多企業對於大數據仍然處於「敝帚自珍」的狀態，他們意識到了大數據作為一項企業資產的重要性，因而決定對企業的資料進行嚴密的保護，拒絕外流。保護顧客資訊確實重要，但在大數據時代的行銷變革中，企業也需要對於資料保持一個開放性的心態。畢竟，只有立足於巨量的資料，企業才能探索出最貼近顧客需求的特性參數，而巨量的資料只靠單個企業很難收集到，這就需要各個企業充分發揚開放、合作、共贏的網路精神，快速完成大數據時代的行銷變革。

大數據時代的到來，讓越來越多的人看到了資料資產的重要性；而如何利用資料資產，則成為各家企業在大數據時代所要面臨的最大挑戰。企業只有瞭解並懂得大數據時代的變革，才能順應時代，走向成功。

1.5　精準行銷，為什麼在現在崛起與爆發

大數據時代所帶來的最大變革正是行銷變革，個人化的消費需求需要企業採取新型的行銷管理模式；而這樣的行銷模式，其實正是精準行銷。隨著大數據時代的到來，精準行銷快速崛起並走向爆發，那麼，究竟是何原因，導致精準行銷的崛起與爆發在現在出現呢？

所謂精準行銷，就是在精準定位的基礎上，企業依託網路、大數據以及資訊科技手段，建立起一套個人化的顧客溝通服務體系，達成可行的低成本擴張之路，是大數據時代新型行銷理念中的核心觀點之一。具體而言，精準行銷就是公司需要實行更精準、可衡量和高投資回報的行銷溝通，需要建立更注重結果和行動的行銷傳播計畫，還有越來越注重對直接銷售溝通的投資。

精準行銷之所以越來越成為各產業行銷的變革方向，最重要的還在於網路企業精準行銷的成功。隨著網路與資訊科技的發展，網路在人們的生活與工作中佔據了重要的地位，而伴隨著行動網路和智慧型行動設備的普及，網路真正成為了人們日常生活的一部分。

網路給人們的日常工作和生活帶來了極大的便利，與此同時，急速發展的網路也造成了資訊爆炸，人們所要面對和可以獲取的資訊都在呈指數級增長。那麼，我們應該如何在爆炸式增長的資訊中，探索到對自己有用的資訊呢？這對於顧客和企業而言，都是亟待解決的重要問題。

各大網路企業及時抓住了此市場契機，走上了網路精準行銷之路。網路精準行銷更多的是運用個人化技術手段，例如，電子商務、媒體資訊類、社群等類型網站的站內推薦系統等，說明使用者從大量的資訊裡面篩選出所需的資訊，達到精準行銷的目的。

最早的精準行銷技術出現在 1999 年，德國 Dresden 技術大學的 Tanja Joerding 創造了個人化電子商務原型系統 TELLIM。隨後的 10 年間，IBM、Google、雅虎等公司紛紛在自己的網站上加入了個人化功能和服務。2011

年 9 月，在百度世界大會 2011 上，李彥宏將推薦引擎與雲端運算、搜尋引擎並列為未來網路重要戰略規劃以及發展方向。

顧客個人化需求的發展，造成了網路精準行銷的出現，這也使得大數據技術的重要性越發凸顯；而隨著大數據技術的不斷發展，精準行銷也為網路企業帶來了更多的收入，並逐漸成為各行各業的當紅炸子雞。

那麼，對於傳統產業而言，究竟要如何運用精準行銷呢？如圖 1-9 所示。

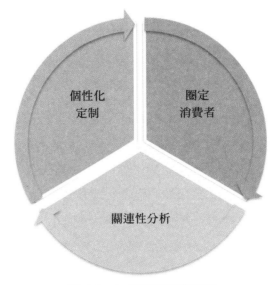

圖 1-9　如何運用精準行銷

方法一，圈定顧客

企業要運用精準行銷以獲得最大化的效益，首先必須知道自己的顧客在哪兒，只有找到了自己的目標顧客，找到了「靶心」，企業才有可能精準地將各種行銷手段投向目標。而大數據時代的到來，使得企業能夠精準地找到自己的目標顧客，而不是再像過去那樣，生產出產品等著顧客來買。

藉由找到與自身產品、服務相關的社群、論壇等網站，企業能夠準確進入到目標顧客群當中，迅速展開行銷手段，探索出顧客的價值。

方法二，顧客關聯性分析

正如前文所說，對於顧客大數據的探索不能僅僅停留在單個或幾個維度之中，而是要對顧客進行多維度的資料收集。精準行銷的有效實施離不開關聯性分析，企業利用對顧客年齡、收入、職業等多個維度進行有效分析，就能夠精準地探索出某一類顧客的消費需求。

方法三，個人化定制

個人化定制是精準行銷的「王牌」，圈定了自己的目標顧客，進行了有效的顧客關聯性分析，企業就可以根據顧客需求進行產品或服務的個人化定制。只有這樣，當企業將產品或服務推播到目標顧客面前時，顧客才會有「瞌睡遇著枕頭」的感覺，這樣的貼心體驗會讓顧客產生強烈的消費衝動。

傳統產業對於精準行銷的運用有一個經典的案例：超市會將相關的商品放在一起，以方便顧客購買，並刺激顧客的購買欲望。而在美國的沃爾瑪超市，人們會發現一個有趣的現象，紙尿褲和啤酒這兩個「風馬牛不相及」的商品竟然會被放在一起。原來，沃爾瑪的研究人員利用資料分析發現，40% 左右的男性顧客在購買嬰兒紙尿褲的同時，會購買啤酒。沃爾瑪的行銷人員在拿到此資料後，對其成因進行了探索。年輕的父親們會在下班回家的路上去超市為孩子購買紙尿褲，而在購買紙尿褲的同時，喜歡喝啤酒的父親則會順便購買一些啤酒帶回家。因此，美國的沃爾瑪超市將這兩種商品放在一起，結果確實帶來了銷量的大幅增長（此案例，我們在後面會詳細談到）。

對於傳統產業而言，大數據帶來的精準行銷不僅能夠帶來銷量的直接增加，還能夠改變過去的管理方式，大幅度削減企業的管理成本，例如「零庫存」管理等。與此同時，精準行銷為顧客帶來的良好消費體驗也極大地增加了企業的顧客黏性，讓企業擁有大批的「終生顧客」。

從行銷的本質上來看，行銷就是滿足需求、提供價值、完成交易，達成利潤的過程。而網路的快速發展，使得顧客的消費習慣和消費需求發生了極大的轉變，這樣的轉變讓精準行銷成為企業應對大數據時代的必勝法寶。

伴隨著大數據時代的到來，顧客需要企業的精準行銷來滿足自己的個人化需求，網路精準行銷為傳統產業提供了大量的成功案例。傳統企業也已經認識到精準行銷的力量所在，越來越多的企業開始懂得如何運用精準行銷。在這樣的轉變下，精準行銷自然會迅速崛起並出現爆發式的發展。

大數據時代的影響，廣泛而深刻，在 IT 到 DT 的時代轉變中，每家企業都應當跟上大數據時代的步伐。在這場波濤洶湧、瞬息萬變的革命中找到可以生存的罅隙，否則就只能被時代所淘汰。當顧客控制了你的行銷時，你所要做的難道只是緊跟顧客需求嗎？難道你願意就這樣放棄自己的市場主動權？精準行銷將幫助你拿回主動權，在掌握顧客需求的同時，控制顧客的需求。在資料時代下，企業必須要抓住新時代的特點，從細節出發，從顧客的體驗出發，從共贏的角度出發，整合各個環節的資料，形成完整的資料庫，真正認識大數據時代，進而享受 DT 時代帶來的優勢。

資料來源：

顧客？搜尋引擎？
還是 DT 技術？

在大數據時代的浪潮中，企業必然需要一種全新的思維模式去應對新時代，而在行銷思維的變局中，數據則是不可忽視的軸心。只有不斷地收集資料、探索資料，企業才能依靠這根軸心不斷向前發展。那麼，你知道資料的源頭在哪裡嗎？是顧客？搜尋引擎？還是 DT 技術？

2.1 思維變局，不能忽視的資料

說到行銷思維，如今各種「思維」的出現讓人眼花繚亂，而流傳最廣的就是網路思維與大數據思維了。這兩種行銷思維有交集卻又有所區別。時下最熱門的網路行銷案例大多是題材炒作和傳播方式炒作，而新興的大數據行銷則是網路實體一體化的行銷思維。

相比較而言，在網路思維下，行銷更像一門藝術，它涉及的三大關鍵字是體驗、話題與傳播。企業利用為顧客帶來良好的消費體驗，在網路上打造為話題迅速傳播出去，傳播激發更多的體驗，也得以引發更多的話題與傳播。而大數據思維則是行銷管理的科學化發展，它涉及三個維度，如圖 2-1 所示。

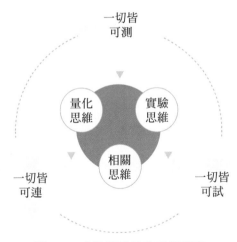

圖 2-1　大數據思維的三個維度

第一，量化思維，「一切皆可測」。不僅是銷售量、價格、客單價這樣的可觀資料，也包括顧客情緒、消費習慣等主觀資料，在大數據的定量思維下，只要是關係到顧客消費行為的要素，都可以被歸納為可描述的資訊。

第二，相關思維，「一切皆可連」。人的每一個行為之間都有其內在聯繫，消費行為同樣如此。對於企業而言，顧客的出行、觀影、聽音樂這樣的資料，都能為企業預測顧客的行為偏好帶來依據。

第三，實驗思維，「一切皆可試」。依據大數據分析得出的資訊，企業可以制定各種有效的行銷策略，有時候這些行銷策略可能與傳統相去甚遠，甚至截然相反，但嘗試之後，卻會為企業帶來意想不到的收入。

網路思維的成功運用確實可以為企業帶來巨大的效益，但網路行銷案例其實是缺乏複製條件的。小米手機使用饑餓行銷獲得了巨大的成功，而錘子手機則陷入了失敗的境地；韓寒的粉絲行銷帶來了《後會無期》的精彩處女秀，而郭敬明的粉絲行銷則讓《小時代》系列雖票房不差卻倍受批評……

而大數據思維則具有很強的可複製性，這裡的複製並不是對成功案例的複製，而是指只要企業重視資料，就能夠從資料資產中探索到驚人的財富。在大數據時代的思維變局中，企業可以選擇網路思維改造自己的行銷，但卻絕不能夠忽視資料。其實運用大數據的步驟很簡單，那就是「描述—預測—行動」，只要牢牢掌控了這三步，大數據思維就能為你帶來驚喜。

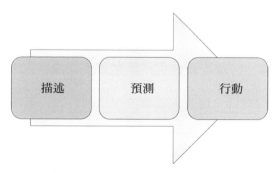

圖 2-2　運用大數據思維的步驟

截至 2014 年 6 月，中國上網人口規模達 6.32 億，網路普及率達到 46.9%。當這麼多的人參與到網路當中時，大量的資料就會產生，而如何辨別採用這些資料則成為企業的難題。

淘寶資料平臺顯示：購買最多的胸罩尺寸為 B 罩杯。B 罩杯占比達 41.45%，其中又以 75B 的銷量最好。其次是 A 罩杯，購買比例達 25.26%，C 罩杯只有 8.96%。在胸罩顏色中，黑色最為暢銷。以省市排名，胸部最大的省份是新疆。當內衣企業拿到這樣一則資料時，應該如何作為呢？

騰訊為了增強使用者的社交體驗，與 2012 年 3 月推出了 QQ 圈子。QQ 圈子就是利用大數據技術按照使用者的共同好友的連鎖反應，將使用者可能認識的人推薦給使用者，為使用者打造廣闊的人際關係網，甚至能夠自動為使用者將同學、同事、朋友等圈子分門別類地展現給使用者。

2010 年 10 月 23 日，英國《衛報》利用維基解密的資料做了一篇「資料新聞」。這則新聞將伊拉克戰爭中所有的人員傷亡情況均標注於地圖之上。地圖上的一個紅點就代表一次死傷事件。讀者用滑鼠點擊紅點後，就會打開一個彈窗，彈窗中則有關於傷亡人數、時間、傷亡時間的詳細說明。而在那樣一張小小的地圖上，密佈的紅點竟然多達 39 萬，讓人觸目驚心。這則新聞一經刊出立即引起震動，隨後不久，英國做出撤軍駐伊拉克的決定。

在大數據時代，一串小小的資料卻能夠產生意想不到的效用。同樣的一串資料，有的企業能夠從中探索出巨大的價值，有的企業卻棄之如敝屣。但在對資料的重視中，很多企業卻難免走入迷思，如圖 2-3 所示。

迷思一，「被資料」—重視資料但不清楚如何搜集

在這個資訊爆炸的時代，每個人都多多少少聽說過大數據，在耳濡目染之下，很多企業也開始重視資料，知道大數據能夠帶來企業的科學決策和良性發展。但這些企業只是簡單地知道資料的重要性，但對於資料的搜集卻是一知半解，更不知道哪些資料有用、從哪些管道搜集資料……只是簡單地在管理層進行了一次「腦力激盪」，或者是利用在網路上和書店裡搜尋教學，就拼湊出了自以為的資料，但這些資料真的有用嗎？恐怕不然。

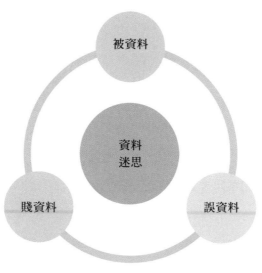

圖 2-3 數據迷思

迷思二，「誤資料」─瞭解所需資料但來源不規範

有些企業可能本身就經常參與網路業務，或者管理層有人具備相關的時間經驗，他們知道什麼是資料，也知道企業營運需要怎樣的資料。但在實際搜集過程中，他們卻缺乏相應的篩選能力。這是一個資訊爆炸的年代，各種管道中都蘊藏著豐富的資料情報；但爆炸式的資料中，卻夾雜著大量的糟粕。有的資料是沒用的，有的資料甚至是有誤的。當各種各樣的資料被整合到一起之後，企業所分析出來的結果可能違背事實，這樣的資料不僅利用價值有限甚至可能對企業有害。

迷思三，「賤資料」─會搜集資料但不會分析

最令人感到惋惜的是，有些企業會搜集資料，卻不會解讀數據。很多企業坐擁大量的有效資料，卻不懂得對資料進行科學的分析處理。如果企業只是單純地將搜集到的資料進行初步整理，製作出一樣視覺化的報表，但報表中暗藏著怎樣的問題、預示著怎樣的趨勢，企業卻不得而知，多麼可惜！資料背

第 2 章　資料來源：顧客？搜尋引擎？還是 DT 技術？

後的意義，需要企業進行深入解讀，只有利用資料解決問題、規避風險、迎合趨勢，才算是探索出了資料真正的價值。

在大數據時代的思維變局中，企業可以不完全依賴大數據思維，但卻不能忽視資料的重要性。而數據從哪裡來？什麼資料有效？如何利用資料？則是企業迎戰大數據時代必須要解決的問題。

2.2　精準行銷數據從哪兒來？

大數據時代是精準行銷崛起與爆發的時代，而精準行銷離不開資料的支援，而大數據的第一步正是資料搜集。如果你只是知道資料很重要，有專業的資料處理能力，但連精準行銷資料從哪兒來都不知道，那一切又有什麼意義呢？

在瞭解「精準行銷資料從哪兒來」之前，首先要明確大數據是什麼。其實，業界對於大數據並沒有一個明確的定義，但大數據有三個明確的特質：巨量、多樣和快速。從形式上來說，大數據可以被簡單地分為兩類：結構資料和非結構資料。

所謂結構資料就是可以直接使用的資料，如 Excel 表格中關於價格、銷量等資訊的數位資料；而其他資料則可以被統稱為非結構資料，如微博上發的圖片、論壇裡的文章和土豆網的影片等。在大數據中，非結構資料佔據了資料總量的 80%。

瞭解了大數據究竟是什麼，我們就來看看精準行銷資料究竟從哪兒來，如圖 2-4 所示。

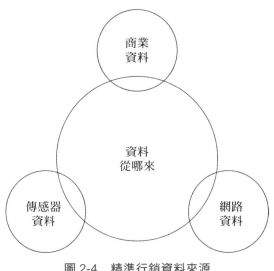

圖 2-4　精準行銷資料來源

來源一，商業資料

商業資料是指企業自身的各種管理系統產生的資料，如企業 ERP 系統、POS 終端以及網上支付系統等，這也是企業最主要和最傳統的資料來源。這些資料是企業獨有的珍貴資產，由於是企業內部產生的資料，它們也能夠更為快速地轉化為對企業決策有效的資訊。

沃爾瑪（Wal-mart）是世界上最大的零售商，沃爾瑪每個小時就能夠從顧客那裡收集到高達 2.5PB 的資料，其儲存的資料量甚至達到了美國國會圖書館的 167 倍！早在大數據被世人了解之前，沃爾瑪就已經因為其完善的大數據計畫而受益了。

1990 年代，沃爾瑪已經開始對其零售鏈中的每個產品進行資料化，使得企業能夠快速獲得產品的銷售速率、庫存等資料資訊。對於顧客資料的收集，沃爾瑪非但不侷限於顧客的購買清單、消費額等資訊，還會將顧客的消費日期以及當天的天氣、氣溫等資訊一併記錄下來。利用對結構化和非結構化資料的綜合分析，沃爾瑪能夠輕鬆地發現各種商品之間的關聯性，優化商品陳

列，刺激顧客的購買行為，提高商品的銷售速率，這也是沃爾瑪能夠採取「啤酒＋紙尿褲」等商品陳列組合的原因所在。

除了對傳統商業資料的搜集之外，沃爾瑪也與時俱進地到網路中搜集更多的資料。隨著社群平台的盛行，顧客已經習慣於在臉書（Facebook）和推特（Twitter）上發表自己對於某種產品的評論以及喜好，沃爾瑪則會對這些資料資訊進行搜集並加以利用。近幾年來，沃爾瑪收購了大量的中小型創業公司。這些公司都特點鮮明，要麼是精於資料收集和演算法模型的科技公司，要麼就是專於行動、社交領域的網路公司。利用對社群平台上的資料收集，沃爾瑪如今已經能夠根據每個地區顧客的消費偏好，優化當地超市的產品結構。沃爾瑪甚至開發出了社交應用，說明顧客標記出他們所談論的產品在當地沃爾瑪超市中的位置所在。

相較於實體的零售業巨頭沃爾瑪，作為網路企業的網路零售業巨頭亞馬遜，在資料搜集方面擁有得天獨厚的優勢。亞馬遜的兩大核心業務就是電子商務和雲服務，它們背後的關鍵則都在於資料。在電子商務方面，亞馬遜會記錄和追蹤顧客的購買記錄、瀏覽記錄、運輸方式的選擇以及頁面停留時間、個人詳細資訊等大量資料；與此同時，亞馬遜還擁有全球零售業中最先進的數位化倉庫，利用對資料的搜集、整理、分析，以最優的產品結構進行精準行銷和配送。亞馬遜的雲服務則是指其利用不斷加強自身大數據所需的基礎設施建設以及增強資料分析軟體，並將其出租達成效益。

來源二，網路資料

網路中的社群平台上記錄著大量的資料，包括顧客在做什麼、想什麼、對什麼感興趣，以及顧客的年齡、性別、所在地、職業等個人詳細資訊。網路上的資料極為混雜，企業想要加以利用需要極強的資料篩選、搜集能力。據統計，Facebook 上每分鐘有 68 萬篇貼文被分享，Twitter 上每分鐘會發佈 10 萬則推文，YouTube 每分鐘能收到 48 小時長度的影片，全球每分鐘有 2 億封電子郵件被發送⋯⋯如此巨量的資料自然是企業搜集精準行銷資料的重要來源。

Google 一直拒絕將大數據這個詞彙與公司掛勾，但《大數據》作者麥爾荀伯格在評價 Google 時卻說道：「我覺得最好的就是 Google，這很清楚。我覺得它其實是一個大數據公司，因為他們理解大數據的核心所在，而且如果他們沒有看到這些資料可以進行多次的重新使用之前，他們不會進入這個市場。」

事實上，Google 旗下的搜尋、廣告、翻譯、音樂、趨勢等眾多產品，都離不開大數據的支援。每天，Google 街景車都帶著全景攝影機在全球大部分都市中繞圈，以搜集豐富的街景圖；Google 的立體紅外線攝影機幾乎從不停止運作，不斷地掃描著數以千萬計的圖書；Google 甚至會記錄使用者搜尋時打錯的字，並將之記錄下來，以開發 Google 自動校正系統和 Google 翻譯。最關鍵的在於：Google 擁有多項世界領先的大數據技術，包括 Caffeine 索引系統、Colossus 分散式儲存、Big Table 列式儲存、Big Query 資料分析服務和 Cloud SQL 等。當 Google 每天都在搜集如此巨量的資料，並擁有如此頂尖的大數據技術時，沒有人會認為 Google 不是一家大數據公司。也正是立足於對大數據的全力搜集和探索，Google 才能在全球網路公司中佔據頂尖地位，並被認為是一家真正的創新型公司。

當 Google 拒絕承認自己是大數據公司時，我們則可以從 Facebook 這樣的社群平台上搜集資料。據統計，每天有超過 500TB 的資料被上傳到 Facebook，Facebook 擁有的使用者個人資訊更是有近 10 億！另外，Facebook 開發的 Timeline（時間軸）頁面供使用者記錄自己的生活故事，但 Facebook 卻藉此成為了一個真正的預言家：利用分析使用者當下的基礎資訊以及過去的經歷，當然能夠預測出使用者的未來！

來源三，感測器資料

感測器是近兩年新興的科技發明，也可以說是未來最有潛力、最有想像力的一個資料搜集途徑。感測器的主要使用目的是追蹤物品的位置，並記錄佩戴感測器的人或物的溫度、振幅、聲音等資料。而當大量的感測器連接在一

起，形成一個連上網路的感測器群時，其對於個人資料的搜集能力是難以想像的。

目前，在智慧型手機、可穿戴電子設備、辦公室、家庭、工廠和供應鏈等多個環節，我們都可以看到感測器的身影。如果有哪家公司可以掌控所有的感測器，這就表示它將成為真正的監視器，因為它可以監視到人們日常生活中的每個角落。

Cisco 和麥肯錫等科技公司都對感測器的未來發展做出了自己的預測。雖然預測內容不同，但有一個共同點就是，感測器的增長數量和極限容量都是非常驚人的。據估計，感測器產生的資料量將在 2015 年超過社交網路，成為第二大數據源。

企業想要進行精準行銷，首先就要搜集到精準行銷所需的資料，而搜集資料的基礎首先是從企業內部進行。網路雖然具有巨量的資料，但卻需要企業具備一定的篩選能力，而感測器資料則將成為未來相當重要的一個資料來源。

2.3 建構屬於自己的行銷資料庫

在網路時代，任何企業都將面臨殘酷的市場競爭，即使是傳統的產業巨頭，稍有不慎就會立刻被顛覆。熟練運用大數據的力量，則能夠幫助企業覓得生存之道，這條生路對於任何企業而言都是行之有效的。而當企業搜集到精準行銷資料之後，就需要建構起屬於自己的行銷資料庫了。

早在 2008 年 9 月，日本三大銀行之一的三井住友銀行就建構了全新的行銷資料庫，這套基於 Teradata 動態企業級資料倉庫建設而成的資料庫，規模是原有資料庫系統的 4 倍，也成為日本金融產業最大的行銷資料庫。

日本傳統的金融企業大多使用被稱為「MCIF」的行銷資料庫，以收集顧客個人資訊、交易記錄、聯繫記錄等各種資料。但時過境遷，網路的快速發展使得所有企業能搜集到的資料呈現爆炸性成長，原有的簡單行銷資料庫自然不再有效。

面對業務成長和資料爆炸的需求，三井住友進行了一次大規模的系統升級，以建構一套全新的行銷資料庫。正是基於這套行銷資料庫，三井住友不僅能夠更加準確地分析和預測顧客的交易趨勢，也能夠大幅提升自己的顧客服務。

利用對影響顧客存款的自助服務設備使用記錄的分析，三井住友可以快速地瞭解顧客帳戶的活動頻率和變化，其行銷人員也能夠適時地為顧客提供房屋貸款服務或是信用貸款服務。這樣一來，銀行就從過去「等客上門」的被動行銷或者狂轟濫炸式的地毯式行銷，變為如今「適時出現」的主動行銷。除此之外，當行銷資料庫分析結果顯示顧客可能將資金轉存其他銀行時，三井住友也能夠提前與顧客接觸，並提供優惠的產品或優質的服務，留住顧客。

資料庫就像是傳統製造商的倉庫。當你從各種管道搜集到各種類型的資料時，就如傳統商貿企業購進了各種各樣的原材料。得到了如此豐富的原材料，你所要做的並不是直接去進行加工處理，而是先將之分門別類地儲存下來，提高加工處理的效率。這正是建構屬於自己行銷資料庫的意義所在。

其實，每家企業都擁有自己的資料庫，尤其是傳統商貿企業，他們會對自己的購進、庫存、銷售情況進行完整記錄。但這並不是精準行銷所需的行銷資料庫，而只是單純的企業營運資料庫，即企業的銷售資訊系統或者業務資訊系統，它們只是被用來記錄交易狀態和訂單執行情況。

行銷資料庫與營運資料庫有著很大的差別。行銷資料庫的建構是以顧客為基點的，企業在經營過程中，能夠採集到各種顧客消費資訊、行為資訊以及個人基礎資訊等。而建構行銷資料庫時，則需要以顧客為核心，對其產生的各種資料進行分析和整理，為企業的市場行銷決策和活動帶來依據。

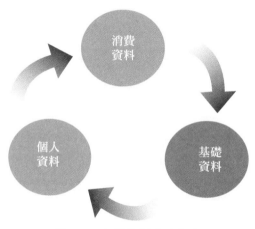

圖 2-5　行銷資料庫的內容

在行銷資料庫中，每條記錄都應當以顧客類別區分，並詳細記錄和跟蹤顧客的每一次消費經歷，包括消費時間、消費動機、溝利用程、售後回饋等，同時也應當包括每次的市場調查結果以及行銷活動資訊等。利用分析各種資料資訊的相互關聯，立足於行銷資料庫，企業既可以對所有顧客的所有交易狀況一目了然，也可以根據需要進行相應的調整，探索出所需的資訊。

根據不同企業的不同需求，各家企業所建構出的屬於自己的行銷資料庫都有所區別，但無論如何，企業在建構行銷資料庫時，都應當遵循以下四大原則，如圖 2-6 所示。

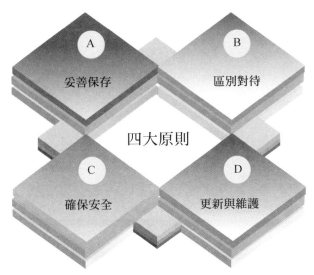

圖 2-6　創建企業行銷資料庫的原則

第一，妥善保存

各種大數據與資訊科技的發展，使得資料儲存已經不再成為問題，對於一般的企業而言，購買大一點的儲存空間並不需要投入多大的成本。在此前提下，企業在建構行銷資料庫時一定要重視對各種原始資料的妥善保存，尤其是對顧客基本資訊的保存。

大數據技術能夠讓企業從原始資料中探索出極大的價值，而且不同時期對於原始資料的分析，都能滿足企業不同的運用和發展需求。隨著大數據技術的發展，資料中所蘊含的價值也會不斷增長。但如果原始資料出現嚴重缺失，再先進的技術也無法彌補。

第二，區別對待

從不同管道搜集到的資料，其價值也有所區別。商業資料是企業自身營運過程中積累的資料，這些資料通常具有極高的價值，它們不僅具有極高的真實性，而且源於企業產品或服務的直接顧客，這能夠說明企業清晰地認識到目標顧客的需求。而從其他管道搜集到的資料，則可能存在真實性的問題。這

些資料中蘊藏著大量的潛在顧客，但在對這些資料的探索中，需要企業擁有更多的耐心和更好的技術，以及更強的分析能力，畢竟它們不能直接為企業提供所需的資訊。

因此，企業在建構屬於自己的行銷資料庫時，一定要將商業資料擺在重點位置，而不能出現主次不分的情況。當然，區別對待並不是說企業能夠忽視其他管道搜集到的資料，而是要分清什麼資料能夠成為企業行銷決策的直接依據，什麼資料只能作為參考。

第三，確保安全

網路是一把雙刃劍，它在為人們帶來方便生活的同時，也使得人們的各種資訊變得透明。對於個人而言，資訊洩露可能造成各種生活困擾，也可能使得人們面臨被欺詐的風險；而對於企業而言，資料外流不僅會讓企業失去一項重要的資產，更可能使得企業顧客面臨損失，使得企業失去顧客的信任，這對於企業而言更是毀滅性的災難。

因此，企業一定要確保自己的行銷資料庫的安全，利用建立資料庫管理和維護機制，不斷加強安全管理。然而，確保資料安全並不表示企業要閉門造車，那只會讓自己陷入「資料孤島」，適度的開放與合作是有必要的。

第四，更新與維護

資料是死的，但人是活的。處於生命不同週期的顧客會表現出不同的消費偏好，他們的消費偏好還會受到其他各種因素的影響。企業的行銷資料庫一定要成為一個動態的資料庫，需要不斷更新和維護，以確保自己的行銷資料庫中擁有最新的資訊。在對企業行銷資料庫的更新和維護中，企業不能吝嗇自己的精力和金錢，要不然，辛苦建立起來的行銷資料庫也將失去意義。

2.4 DT 技術探索資料，要比顧客還瞭解自己

當你購進了原材料，做好了倉儲，接下來就要對其進行加工處理了。在大數據時代，最為關鍵也最為昂貴的就是 DT 技術。沒有 DT 技術就不可能探索出資料中蘊藏著的豐富價值，更無法體驗到精準行銷的精髓—比顧客還瞭解自己。

2014 年最熱門的一部美劇就是《紙牌屋》（House of Cards，圖 2-7），不僅在美國市場贏得了巨大的成功，也在中國掀起了一股熱潮。一般觀眾可以純粹欣賞，但身為企業家，需要瞭解《紙牌屋》成功背後的故事。

圖 2-7　《紙牌屋》劇照

《紙牌屋》的製作公司是美國影音網站 Netflix。這部影集不僅是 Netflix 網站有史以來點擊量最高的電視劇，更在美國等 40 多個國家爆紅。Netflix 產品創新副總裁陶德·耶林也坦言：「《紙牌屋》的表現比我們最大膽的夢想都要好。」

這部電視劇之所以能夠獲得這樣的成功，正是在於其對大數據的探索。無論是各種娛樂媒體，還是《紐約時報》《洛杉磯時報》《經濟學人》這樣的嚴肅媒體，大家都在重要版面大談《紙牌屋》的成功之道。

執導《紙牌屋》的是著名導演大衛・芬奇，而其主演則是深受觀眾喜愛的老牌演員凱文・史貝西，這樣的製作陣容頗能吸引觀眾高度關注，一經宣傳就廣受期待。作為一部標準的 BBC 劇，《紙牌屋》劇本的市場認可度同樣極高。之所以會選擇這樣的陣容、這樣的劇本，正是 Netflix 利用 DT 技術對各種市場資料收集得出的。

早在很多年前，Netflix 就開始了自己的資料搜集和資料庫建構工作。每當使用者利用瀏覽器登入 Netflix 帳號時，Netflix 都會將使用者的位置資料、設備資料等資訊記錄下來。不僅如此，Netflix 還會記錄使用者在 Netflix 上的每一個行為，包括收藏、推薦、暫停、重播、快轉等，在 Netflix 看來，使用者的每一個行為背後都暗藏著使用者的喜好。

每天 Netflix 會記錄下超過 3000 多萬筆的使用者行為，與此同時，Netflix 的使用者每天還會進行多達 400 萬次評分、300 萬次搜尋。而所有的這些資訊都會被 Netflix 轉化為結構性資料儲存下來。其首席內容官泰德表示：「所有這些資料表示，Netflix 公司已經擁有『可定址的觀眾』。」

以影片評級為例，Netflix 能夠對每部影片做出一個 1 ～ 5 分的評級，而所有的評級資料則構成了一個巨大的資料庫。如今，此資料庫中的資訊已經達到近百億筆。立足於這樣一個資料庫，Netflix 能夠利用獨有的推薦演算法識別出具有相似觀影癖好的觀眾，並為他們推播更為精準的影片資訊。試想一下，當使用者想要看影音節目娛樂一下，卻沒有想好要看什麼時，一登入 Netflix 網站，Netflix 就為自己推播了喜歡的影音節目，這是多麼貼心的一種體驗。

Netflix 的大數據之路不止於此，Netflix 擁有巨量的資料，也一直在尋找一套與自身需求相匹配的資料收集工具。據一位前 Netflix 雲資料庫架構師在部落格上回憶：「在 2010 年，Netflix 完成了兩次遷移，其一是將 Netflix 的資料中心遷移到了亞馬遜雲端運算服務之中，其二是將甲骨文資料庫遷移至亞馬遜資料庫中。而到了 2011 年又從亞馬遜資料庫遷移到 Facebook 開發

的開源儲存系統—Cassandra 之中，利用 Cassandra 提供的路由配置，Netflix 的叢集部署甚至可以遍及五大洲。」

工程師的回憶可能涉及太多的專業術語，但 Netflix 對於資料收集技術的追求卻可見一斑。也正是依靠不斷改進的資料收集技術，Netflix 才能獲得成功。法國電影《不要告訴任何人》在美國上映時，票房慘澹，只有區區 600 萬美元。但 Netflix 經過大量的資料收集，發現這部電影不該只有這樣的成績，於是決定將《不要告訴任何人》引入自己的網站，並進行推薦，結果讓業界大跌眼鏡的是，這部電影不僅獲得了大量的點擊，甚至躍居當時最受矚目節目的第四位。

早期的 Netflix 也曾經歷過失敗。Netflix 最初是北美家喻戶曉的網路影片租賃提供商，其主要業務是以郵寄方式為顧客提供 DVD 租賃服務。但進入網路時代之後，Netflix 則迅速轉型，成為一家網路影片網站，放棄了高利潤的 DVD 租賃業務，這也使得 Netflix 的股價在 2012 年第三季度出現暴跌。很多投資者都對 Netflix 的未來持悲觀看法，美國知名專欄作家撰文甚至稱：「Netflix 被收購或許才是投資者最理想的選擇。」

但 Netflix 卻堅持自己的轉型之路，認為大數據能夠成為新時代最重要的生產力。也正是因此，利用資料收集，Netflix 找到了自己的翻身之路：Netflix 以 1 億美元買下 1990 年播出的 BBC 電視劇《紙牌屋》的版權，並邀請大衛‧芬奇執導、凱文‧史貝西擔任男主角。

結果也證明了 Netflix 確實打贏了這場翻身仗。利用 DT 技術探索資料，Netflix 不僅找到了自己成功的出路，也真正做到了「比顧客更懂自己」。

在大數據時代，企業必須運用 DT 技術從資料收集中探索巨大的價值，因為它能夠讓企業比顧客更懂顧客。DT 技術是怎樣達成這樣的成效的呢？

第一，自動預測趨勢和行為

在過去的商業決策中，企業在預測市場趨勢時，往往也會進行一定的市場調查，但由於成本限制，這樣的市場調查通常也局限於較小的範圍。即使在如今，企業已經能夠從各種管道收集到大量的資料，但如果沒有相應的 DT 技術對其進行處理，單純地依靠手工分析的話，其工作量是難以想像的。而 DT 技術能夠讓企業迅速從行銷資料庫中得到預測性的資訊，更為先進的 DT 技術甚至能夠直接為決策者提供結論。

第二，關聯性分析

顧客的年齡、性別、職業等因素都與其消費習慣有著很強的關聯性，但這種關聯性到底強到怎樣的地步呢？我們卻大多缺乏一個理性的認識。但立足於 DT 技術，我們則能夠輕易地發現兩個或多個因素之間是否具有關聯性、關聯性有多強，以及是簡單關聯、時序關聯還是因果關聯。利用這樣詳細、可觀的關聯性分析，也能夠在管理中制訂更為理性的決策方案。

第三，分群

精準行銷的第一步是找到自己的目標顧客，滿足他們的個人化需求，但這並不表示我們要滿足每一個顧客的個人化需求，而是要滿足某一類顧客的消費需求。因此，顧客細分是精準行銷的關鍵環節，而 DT 技術則能夠找到各個顧客之間的內在統一性，讓企業可以輕鬆地探索到自己的目標顧客。

第四，概念描述

概念描述是對某類物件的內涵進行具體描述，並對其有關特徵進行概括。概念描述的不僅是某類物件的共同特徵，也包括不同物件之間的區別特徵。概念描述是建立在分群的基礎之上的，只有企業運用 DT 技術對顧客進行明確的分類之後，企業才能夠對其進行概念描述。

第五，偏差檢測

企業在建構屬於自己的行銷資料庫時，往往會發現其中出現的一些異常記錄，有些資料可能是錯誤的，需要剔除，有些資料則需要進行分析，它們背後可能蘊藏著重要的潛在資訊。運用 DT 技術，企業則可以快速檢測出有所偏差的資料，並查出偏差出現的原因，以防做出錯誤的決策。

運用 DT 技術探索資料，企業能夠做到比顧客更懂客戶，但這卻需要企業對 DT 技術進行相當大的投入。因此，在實際操作過程中，企業也應該量力而行，根據自己的需要選擇性價比最高的 DT 技術。

數據是新時代行銷神話的執筆者，想要書寫出充滿商機和利潤的故事，就要遠離「被資料」「無數據」「賤資料」的歧途，找到最合適的大數據的來源，保證自身資料庫的正確性和真實性。也只有立足於此，企業才能夠在從各個角度對比、分析、整合、分條縷析之後，做到比顧客更懂顧客。只要用好資料時代給我們的「錦囊」—資料，我們在大數據時代的美好藍圖上，才能成為最瞭解顧客的企業，並利用精準行銷致勝市場。

量身訂做：

讓衣服穿在合適的人身上

讓衣服穿在合適的人身上，是所有顧客和衣服商家的理想。但因為資訊不對稱、顧客需求難把握等多種因素影響，在很多顧客挑不到合適衣服的同時，商家的衣服也賣不出去。有了大數據技術，此難題就有了解決的希望。商家和顧客的理想，也不再那麼遙遠，量身訂做會很快成為現實。

3.1 用資料收集顧客適合穿什麼？

顧客適合穿什麼？喜歡穿什麼？這或許是衣服廠家和商家最關心的問題了。每年市場上什麼款式、什麼顏色、什麼尺寸的衣服賣得最火，相信廠家和商家比誰都更清楚。但是如果用數字具體分析和預測，廠家和商家或許又說不出所以然來。在過去，很多廠家和商家喜歡以自己的經驗來預測和判斷第二年衣服的流行趨勢，因此安排生產和銷售。有的廠家和商家比較有資料意識，會根據往年一些衣服的銷量來制訂計畫和策略。

如今，顧客的需求越來越多樣化、個人化，市場要求廠家和商家更進一步地瞭解顧客，甚至給顧客量身定制衣服。面對這些變化，廠家和商家粗放的經營方式已經跟不上形勢了，靠資料說話的時代已經來臨。而廠家和商家要想以資料來衡量和預測顧客對衣服的需求，就必須全方位、多角度地搜集和分析顧客的需求資訊，制定出好的行銷策略，如圖 3-1 所示。

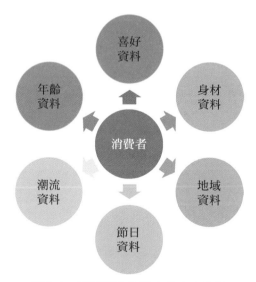

圖 3-1　用資料收集顧客的穿衣資訊

第一，探索顧客的喜好資料

衣服總是會與時尚搭上關係，某個時代、某個時期、某個地區總會出現一些流行和時尚的衣服。顧客會爭先購買這些流行和時尚的衣服，這就給了商家很好的行銷機會。不過，聰明的廠家和商家總是會領先感知到顧客的喜好趨勢，提前做好準備。試想，如果廠家和商家在某些衣服成為流行和時尚後，才著手生產和銷售，那一定晚了別人一步，根本趕不上。

顧客的衣服喜好，其實受多種因素的影響，如名人、時尚秀、地域等。這幾年，淘寶、京東、唯品會等電商平臺在獲取顧客喜好方面有著得天獨有的條件。尤其是淘寶，它對大眾時尚的分析和預測非常準確。一部電視劇剛剛播完，淘寶上就可以看到電視劇主角的同款衣服。從資料本身來說，電商網站是獲取顧客喜好資料最便利的平臺。所以，很多廠家和商家都積極開通了自己的電商網站，或者選擇入駐電商平臺，其目的之一，就是方便收集和獲取顧客的喜好資料。

第二，探索顧客的身材資料

顧客的身材資料，直接影響著衣服廠家的生產和商家的銷售。隨著顧客生活水準的提高，人群的身體胖瘦是不斷變化的。對女性顧客來說，她們拼命減肥；但對男性顧客來說，他們的身材很可能是隨著年齡的增大而不斷發福。以中國市場為例，南方顧客的身材普遍比較嬌小，而北方、華北、西北地方的顧客身材普遍魁梧一些。身材的不同，自然導致顧客對衣服的需求不同。

有的廠家因為不調查市場，不分析資料，往往按照一個固定的尺寸表生產衣服，而生產完了衣服又不懂得選擇市場，這就導致衣服滯銷。我們以男士西服的尺碼為例來說明，如圖 3-2 所示。

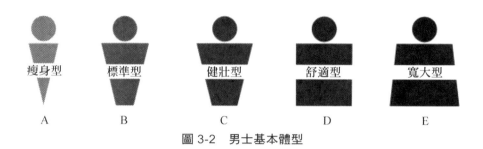

圖 3-2　男士基本體型

假如我們把男士的身材胖瘦簡單地劃分為五種，分別是 A 瘦身型、B 標準型、C 健壯型、D 舒適型、E 寬大型。如果這五種身材的人身高都一樣，那他對衣服的其他尺寸要求是完全不一樣的。

為了更清楚地認識身材資料的重要性，我們以 A 型（瘦身型）和 B 型（標準型）的具體資料來做一對比，如表 3-1 所示。

表 3-1　A 型、B 型的衣服基本資料

款式	型號	前衣長	後衣長	胸圍	腰圍	下擺	肩寬	袖長
A 型	160/80	73	70	97	86	102	42.2	57.5
B 型	160/84	73	70	101	91	107	43.6	57.5
A 型	165/84	75	72	101	90	106	43.6	59
B 型	165/88	75	72	105	95	111	45	59
A 型	170/88	77	74	105	94	110	45	60.5
B 型	170/92	77	74	109	99	115	46.4	60.5
A 型	175/92	79	76	109	98	114	46.4	62
B 型	175/96	79	76	113	103	119	47.8	62
A 型	180/96	81	78	113	102	118	47.8	63.5
B 型	180/100	81	78	117	107	123	49.2	63.5
A 型	185/100	83	80	117	106	122	49.2	65
B 型	185/104	83	80	121	111	127	50.6	65
A 型	190/104	85	82	121	110	126	50.6	66.5
B 型	190/108	85	82	125	115	131	52	66.5

註：以上資料單位均為公分（cm）。

從上面的資料，我們明顯可以看出，廠家和商家若是對顧客的身材資料進行分類，可以無限細化和精準。例如，同樣是 170cm 身高的男性顧客，標準身材的人可能對各項尺寸的要求比較均衡，但是瘦身型的男性顧客就對胸圍、肩寬等有特殊的需求，要比標準身材的人略微少點。而正是這麼一小點卻影響著顧客的穿衣體驗。所以，商家只要能夠隨時掌控顧客的身材資料，如顧客想穿什麼樣的衣服、適合穿什麼樣的衣服、顧客身體的變化等，都可以知道。當顧客下次光顧的時候，商家或許比顧客還瞭解顧客自己的需求。當廠家和商家對顧客的身材瞭如指掌的時候，還怕衣服滯銷嗎？當然，關於身材尺寸，很多商家開發了各種尺寸計算 App，這也算是商家積累資料的一個管道。至於 App 的具體內容，我們後面詳細講解。

第三，探索顧客的年齡資料

每一個顧客在不同的年齡段，對衣服的尺寸、款式、顏色等需求是不同的。商家在收集顧客的資料時，要持續更新。不能 5 年前收集了一次資料，就再也不去更新資料，依然靠著這些陳舊資料做行銷和決策，這就會適得其反。很多商家以往會收集顧客的年齡資料，但是都只在顧客生日的時候做個行銷，沒有什麼效果。如果持續更新資料，利用大數據技術進行相關性分析，或許商家可以發掘到具有更大價值的東西。

第四，探索消費潮流資料

上面提到了廠家和商家要善於把握潮流，探索顧客的喜好，其實顧客的喜好很大程度上都受社會潮流影響的。這幾年，隨著影音、媒體的發達，顧客的喜好受影音、時尚大賽等影響較大。某段時間內某部電視劇當紅，這部電視劇中主角的著裝很可能就是下個階段的流行款式。廠家和商家要對資料敏感，利用不同的管道進行資料分析，找到最有把握的款式進行生產和銷售。

第五，探索節日資料

節假日往往是顧客最喜歡購物、挑選衣服的時節。而節日的消費資料最能夠為商家的行銷帶來啟示。專注於白領時尚人群消費的大悅城就曾遇到過這樣一種情況。

某一天，北京大悅城的銷售和客流突然出現了一小波人潮。商場的管理人員對這波突現的人潮非常不理解，因為當天既不是節日，也不是週末，為什麼會出現這樣一種情況呢？經過資料調查和分析，商場的管理人員才發現，原來這天（2011 年 11 月 2 日，20111102）是網路上突然流行的「對稱節」。很多「八年級」、「九年級」的顧客前來商場購買對稱衣服（兩件一模一樣的衣服）、吃對稱大餐（兩份一模一樣的飯）等。這個資料給了大悅城一個很好的啟示，以後他們都會借助資料分析，在各種節日前做好行銷準備，這也讓大悅城的銷售額一直不錯。

所以，節假日的資料對商家來說，不僅僅是銷量這麼簡單，隱藏在這些資料背後的，或許正是商家尋求突破的突破口。

第六，探索地域數據

地域資料其實是一個比較寬泛的概念，它只能在宏觀上引導商家。例如，淘寶曾經發佈過中國女性內衣的罩杯分佈圖，在這個地圖資料中，我們可以看到新疆地區的女性罩杯普遍比較大，那商家可以根據這個情況來制訂或者更改自己的行銷策略。還例如，冬春交接的時候，某些地區是非常需要厚棉衣的，而有些地區是不需要厚棉衣的，這些資料會給廠家生產帶來一些啟示和指導。

當然，還有更多的資料收集管道，衣服廠家和商家要根據實際情況來利用大數據技術，為自己的行銷策略提供資料支援。顧客適合穿什麼，資料可以說明一切。有了資料，商家或許比顧客更清楚顧客應該穿什麼。

3.2 如何以導購 App 收集資料，定位顧客？

隨著智慧型手機的普及和行動網路技術的進步，顧客對手機的依賴性已經大大增強。手機已經成為重要的流量入口和行銷資訊出口，商家能不能抓住顧客的目光，很大程度上取決於能否在手機行銷方面有不俗的表現。

這幾年，衣服廠家和商家為了行銷，也積極參與到了手機顧客端行銷的大軍中來。除了在微信社群平台上開設官方帳號外，很多有實力的商家也開始研發自己的手機 App，希望能在手機 App 中打開精準行銷的局面。利用手機 App 贏得顧客，收集顧客資訊，精準推播產品資訊，並讓 App 成為商家與顧客即時溝通的平臺。這是一個服裝產業非常美好的願景，商家要是做得出色，必然會帶來優良成效。那麼，服裝產業如何利用 App 達成精準行銷呢？

第一，可以利用手機 App 收集使用者需求資料，探索其潛在需求

對商家來說，研發出一款手機 App 花費的成本並不是最高的。讓顧客下載其 App，並成為忠實使用者，這個過程中花費的成本才是最高的。所以，既然顧客已經在手機中下載了商家的 App，那商家就一定要珍惜每一個使用者，珍惜使用者在 App 上留下的各種資料。從市場上可以看到，像 ZARA、H&M、GAP、凡客誠品、Uniqlo、I.T 等服飾品牌已經擁有了自己的手機App，並且這些 App 在顧客中的使用率也比較高。顧客不管是在 App 上購買衣服，還是查看相關的款式，無形中都會留下資料。例如，這個顧客在瀏覽了這款衣服後，又去看了哪一款衣服？他最後購買的是哪款衣服？他在搜尋篩選時，利用的是哪些關鍵字？利用這些細微資料的搜集分析，商家就可以精準地定位顧客的消費趨勢、消費檔次、消費品位等。

如果一個顧客經常在商家的 App 上購買衣服，那商家絕對可以利用大數據分析來預測這個顧客的潛在需求。當顧客的潛在需求被激發時，他自然而然地會成為商家的忠實粉絲；並且，商家在掌握了大量顧客的資料後，可以根據需求趨勢來研發和推出新款。

第二，讓顧客方便衣服挑選、諮詢，利用即時溝通達成精準行銷

手機 App 的功能之一便是導購。當顧客有購買衣服的需求時，手機 App 可以充當導購人員。商家可以將店內所有的衣服，包括新款和老款都展示在 App 內，顧客在瀏覽時就會有更多的選擇。在展示衣服環節，有幾個問題商家一定要注意。

- 展示的圖片一定要非常精緻，大小合適，並能呈現衣服的氣質，非常有吸引力；否則，顧客看圖片就失去興趣，更不要說去購買了。

- 在 App 內設定分類的時候，一定要簡單清晰，分類不可過多。此方面是便於顧客瀏覽和搜尋，另一方面也便於商家後台資料記錄和分析。

顧客在 App 內挑選衣服時，總會有各種各樣的問題，這個時候他自然會想到要與店家進行溝通。很多時候，正是因為溝通才幫助顧客下定決心成交，要是沒有溝通，顧客的購買意願可能就會減弱。所以，在 App 內一定要有隨時溝通的工具。當顧客出現疑惑的時候，商家後台服務人員一定要及時耐心解答，並給出相應的建議。這就如實體店內的導購一般，一定要讓顧客感到其消費需求得到了足夠的關注，他的消費行為是正確的，等等。

在與顧客溝通時，如果商家已經獲得了顧客的相關資料，一定要採取個人化的服務手段。如果目標消費族群是年輕人，在溝通時可以採取時尚的回答話術；如果面對的顧客是商務人士，最好簡單明瞭，直達目的。

第三，提供服飾搭配指導，讓手機 App 成為服飾搭配學習、交流的平臺

從顧客的角度來看，穿衣搭配是維護個人形象的重要手段。但很多顧客對穿衣搭配的細節及禁忌瞭解並不深，他們在選搭衣服時往往會出現不知所措的情況。一些商家對此現象早就有瞭解，會在顧客購買衣服的時候贈送一些穿衣知識的小卡片等。不過這些小卡片對顧客的影響微乎其微。如今行動網路成為重要的流量入口，顧客獲取知識很大程度上依賴於手機。因此，在手機 App 上建構一個服飾搭配學習的平臺非常重要。

一方面，商家相對於顧客來說，在衣服搭配方面比較專業，他們能夠給顧客更多的指導；另一方面，平臺作為顧客學習交流的聚集地，會給商家增加更多的流量和人氣，商家也可以以此獲得更多的顧客需求資料。當然，商家在給顧客進行服飾搭配指導的時候，可以制訂一些大概的標準，或者是利用資料分析開發小外掛程式，供顧客自己選擇。例如，有的商家就開發了衣服型號的智慧化選擇搭配軟體，它可以根據顧客的體重、身高等進行資料分析，進而給顧客做出一些基礎的指導，這樣也會減輕商家的溝通壓力，如圖 3-3 所示。

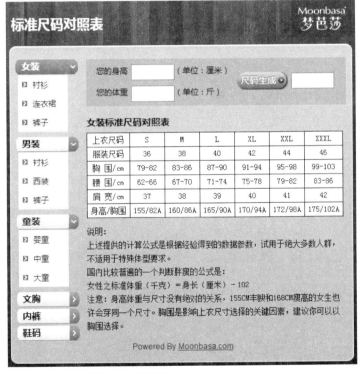

圖 3-3　某服飾 App 的尺碼對照表

第四，適時推薦新款，發放折價券，誘導顧客再次購買

顧客在安裝了衣服類 App 後，並不會每天都打開軟體查看。有時候當顧客看到某個相關資訊，或者看到商家的推播時，才會不自覺地查看。這是一個增加商家銷量、促成交易的絕好機會，商家必須要注意把握。但是，如何才能巧妙地提醒顧客關注商家，並順利購買呢？

1. 當商家有新款衣服上架時，可以根據後台資料分析，對不同的顧客進行不同的資訊推播和提醒。例如，當商家在夏季上架了一批連衣裙時，商家可以利用 App 推播上新的消息，而且推播時必須精準，不要出現給老年人推播時尚連衣裙的情況。

2. 利用發放折價券的形式來喚醒顧客。有的顧客在購買過一次後，因為沒有發現特別吸引他（她）的地方，所以就不再關注該商家的相關資訊。但是如果商家能夠利用 App 恰到好處地發放一些折價券或者代金券，這就會吸引顧客再次光臨，增加成交機會。

3. 推播一些關於品牌、服飾搭配的有趣內容，增加顧客回頭率。商家利用資料分析，可以預測顧客對哪類內容感興趣，可以針對不同的顧客推播不同的內容，這樣只要能夠將顧客的注意力吸引過來，就有可能讓顧客達成再次購買。

第五，在 App 中引入娛樂化因素，增加擴展遊戲，增強顧客黏性

如果一款 App 只有銷售、諮詢的內容，那它對顧客的吸引力是不足的。為了增強顧客黏性，商家必須對 App 的功能進行擴展。例如，可以增加一些娛樂性元素，或者是與顧客日常相關的元素。例如，Uniqlo 就研發出了一款名為 WAKE UP 的鬧鐘 app。這個鬧鐘軟體可以根據天氣、時間、星期等元素自動產生一段有特色的鬧鐘音樂。顧客在使用時，會感覺非常個人化。傳統鬧鐘那種刺耳、單調的音樂再也不見了，個人化的音樂還能給顧客愉悅的心情。另外，Uniqlo 的這個鬧鐘軟體還可以將鬧鐘停止時的天氣、氣溫、時間等作為「起床記錄」讓顧客主動分享到社群平台上。利用這個好玩的軟

體，Uniqlo 每天都可以無形地提醒顧客關注 Uniqlo，顧客的腦海中不斷被植入其品牌形象，所以成為 Uniqlo 的忠實顧客也是遲早的事。

還有的商家開發了一些包含網路試衣服、網路搭配衣服等應用功能的 App，這都可以吸引顧客的關注，增加顧客黏性。利用這些娛樂化的元素，商家可以輕鬆收集資料，為精準行銷做好資料支援。

第六，社交引導，讓顧客自動傳播

社交永遠是商家不可忽視的一個領域。目前市場上很多電商，尤其是女性服裝、化妝品等品類的電商，其發展壯大的基礎就是社交。利用社群內人們互相的評鑑、指導、建議等，商家的產品無形中已經被顧客主動傳播了。顧客的口碑是商家銷量的最好保障。

在社交過程中，每個參與者的關注點、愛好、興趣等資料會很快曝光在商家的後台，某個時間段內顧客主要關注點是什麼，商家也會一清二楚。所以說商家一定要在社交上面做好文章。例如，凡客就曾推過針對公車、地鐵人群的服裝「秒殺」活動。在人群密集的地方，推出這樣的活動，一方面提高人氣；另一方面會引發社交分享，這自然會大幅度提升商家的成交量。

App 已經成為每個人生活中必不可少的元素。只要手持智慧無線設備，App 就一定會出現在人們的生活中。但是，如何才能讓 App 有更大的空間，如何讓 App 助力商家的發展，這需要每一個商家根據自身情況去探索和開發。資料時代，每一個手機 App 都會為商家帶來足夠的使用者資料；循著這些資料，商家的精準行銷一定會自然而然進入顧客的生活。

3.3 社群平台的服裝行銷策略

網路時代，社群平台成為商家行銷的一塊重地。因為社群平台借助網路的發展，能夠在短時期內聚集大量的流量，尤其是在一些社交媒體平臺上，大量的流量可以讓商家的商品資訊瞬間廣為傳播。所以，如何制訂社群平台上的行銷策略，這是商家需要積極思考的問題。而對服裝產業來說，如何在社群平台上做好自己的行銷，讓大量的顧客成為自己的忠實使用者呢？答案如圖 3-4 所示。

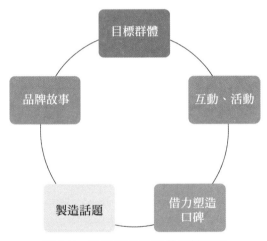

圖 3-4　社群平台的服裝行銷策略

第一，商家要清楚自己的目標顧客群主要聚集在哪裡

我們身邊的社群平台數不勝數，每個平臺上都有很多顧客聚集。例如，人人網上活躍的大多是大學生，服裝商家的顧客如果是以學生為主體，就應當考慮在人人網上多做行銷。如果服裝被某個明星代言，那就應當在該明星的百度貼吧、粉絲群等地方做行銷。商家只要搞清楚了自己的目標消費群體聚集在什麼地方，就避免了以往「海底撈針」式的行銷浪費，能夠極具針對性地把合適的衣服推銷給合適的顧客。在這個過程中，大數據就是商家最好的幫手。只要得到足夠的資料，商家一眼就能看出自己的目標消費群體在哪個平臺上。

第二，善於在社群平台塑造品牌故事，贏得社會認同

資料時代的行銷，再也不是以往商家對顧客的單向銷售。顧客在購買商品的同時，更希望能夠聽到相關的故事，能夠獲得心理上的滿足。這個時代，所有人都喜歡聽故事，在故事中瞭解商品，瞭解商家。商家可以利用大數據分析，塑造出關於企業的品牌故事。縱觀知名企業的行銷案例，品牌故事永遠是必備的核心。如果商家能夠在社群平台上成功塑造故事，顧客就會被故事所吸引，甚至是主動傳播故事；在這個過程中，商家的品牌內涵、理念、商品品質等都可以自然而然地潛入顧客的心中。

例如，知名的香奈兒品牌中，香奈兒手提包就融入了香奈兒女士自己成長的故事。顧客在接受香奈兒女士的故事的同時，其實也就自然而然地成為香奈兒品牌的忠實粉絲。

總之，能夠成功塑造品牌故事的商家更容易獲得顧客認可。因為它在三個方面與顧客產生了聯繫。

- 熟悉感。顧客利用故事獲得心靈上的共鳴，獲得熟悉感以及認同感。
- 信任感。利用品牌故事，顧客感到商家是懂他們的，對商家產生信任感。
- 力量感。顧客在品牌故事中能夠感受到內心的渴望被激發，或者因為品牌故事而受到啟發，發揮出自身的潛力。

第三，商家要善於和顧客進行互動，利用活動來吸引顧客參與

社群平台中，只有參與者互動起來，利用各自的方式對相關內容進行傳播，商家的行銷才能夠產生價值。如何讓顧客產生互動，如何吸引顧客積極參與，這是商家在社群平台上進行行銷的重點。商家可以適當地製造一些話題，或者引入一些娛樂性比較強的事件，引起參與者的注意，互動自然就會流行起來。有的商家不願意投入精力與顧客在社群平台上進行溝通，認為這樣投入成本非常不划算。其實，社群平台上的溝通，往往是向顧客行銷的最佳時機。如果溝通得當，會有大批的顧客成為商家的忠實顧客。

第四，善於利用社交工具，適當製造爭議話題，引發討論，甚至成為意見領袖

如今，中國顧客使用最頻繁的社交工具莫過於微博和微信，很多商家在這兩個社群平台上建構了自己的官方帳號，但是行銷活動平平淡淡，顧客往往並不感興趣。在大數據時代，資訊呈爆炸式增長，顧客只對那些有爭議的、有樂趣的事件和話題感興趣。如果商家能夠適當地製造一些爭議話題，讓顧客主動地參與到話題的討論中來，那行銷效果肯定是非常不錯的。尤其是微博中的微話題，如果商家能好好地利用，其行銷效果比硬廣告要強很多倍。在行銷的過程中，商家要利用資料進行檢測，並利用資料分析適當地調整策略。

當然，如果可以，企業內部的人員可以成為社群平台上的意見領袖。例如，凡客誠品的陳年，就是社群平台上的紅人，很多顧客都關注其社交帳號。陳年的一些博客和微博等也受到參與者的轉發。在這個過程中，凡客的品牌形象就一再植入顧客心目中，其行銷效果是其他手段不能比擬的。

第五，善於借助影音宣傳，在社群平台上塑造口碑

在電影電視中植入服裝品牌是近幾年非常流行的趨勢。電影電視中的主角穿什麼衣服，顧客都會爭相模仿。例如，瑪凱西尼男裝曾經拍攝過微電影《走出無人區》，而同期全國上映了電影《無人區》。瑪凱西尼利用這個機會，將瑪凱西尼服飾和電影《無人區》聯繫起來，並將劇照做成了遊戲關卡，在社群平台上邀請顧客來參與互動。如此一來，顧客在娛樂互動中不斷轉發瑪凱西尼的相關資訊，一時之間瑪凱西尼成為社群平台上的熱門話題。

當然，借助影音宣傳在社群平台上塑造口碑，一定要注意找好結合點，不能生搬硬套，否則只能招致顧客的厭惡。

總之，在社群平台上進行服裝的行銷，商家一定要講求策略，要善於精準地把合適的服飾資訊推播給合適的顧客。在這個過程中，大數據能夠幫助商家正確決策，達到最好的效果。

3.4 以資料提升服務，以體驗吸引顧客

對顧客來說，服務和體驗永遠是他們最關心的話題。不管是去商場逛街，還是在網上購物，顧客在購買商品的同時，更渴望得到心理上的滿足。如果商家不能在服務上滿足顧客的需求，那顧客成為商家忠實顧客的可能性就會很小。在傳統的商業環境中，商家為顧客提供個人化的服務比較困難，因為商家無法徹底瞭解和掌握顧客的資訊。而到了資料時代，到了「讓合適的衣服穿在合適人身上」的精準行銷時代，商家提升服務品質、顧客的體驗得以改善，如何才能利用資料給顧客更好的購物體驗，成為商家的重要課題。

其實，以資料來提升服務品質，讓顧客得到更好的體驗並不難。資料技術的發展已經為商家提供了無限可能，商家只需要合理恰當地採取措施，就可以在精準行銷方面取得不錯的成績，如圖 3-5 所示。

圖 3-5　精準行銷的措施

第一，服務要更加精細化，達成一對一服務

在很多的服飾品牌專賣店中，導購人員是非常專業的，當顧客購買服飾時，這些導購人員往往能夠根據顧客的外形、舉止等提供非常具體、恰當的購買建議。顧客正是在這樣的服務中享受到美好的購物體驗，而成為該品牌的忠實粉絲。而資料時代，每一個導購人員都可以變得更加專業。

就如我們在前言中提到的必勝客客服人員一樣，當顧客到店消費或者網購時，服飾商店的導購人員就可以盡可能地瞭解顧客的需求和愛好，給予更加精細化的一對一服務。而要做到這些，商家就必須建構好屬於自己的資料庫，平時注意收集顧客相關資訊，尤其是二次或多次光顧的顧客。至於如何收集資料，我們在前面已經提到，不再贅述。

第二，商家可以開發相關軟體，做好顧客的服飾管家

我們在前面提到一些商家已經開發了相關的軟體，能在顧客購物時提供一些參考和指導。但這些還遠遠不夠，商家要善於給這些軟體提供強大的資料支援，讓其更智慧化。在智慧型手機掌控天下的時代，更人性化、更智慧化的軟體一定可以博得顧客的青睞。商家一定要改變過去只賣貨的觀念，達成身份的轉變。未來，每一個商家都首先應該是顧客的管家或者朋友，然後才是供貨的商家。不能贏得顧客的信賴，不能利用大數據給顧客提供貼心、個人化的服務，商家就無法生存與發展。

第三，提供服飾出租，多角度滿足顧客的需求

商家要想提升服務，給顧客更好的體驗，就應當多去滿足顧客的不同需求，如衣服的租賃。在美國有個非常小的公司，他們主要從事的業務就是向女性出租衣服，他們出租的衣服都是非常高級的名牌衣服。那些有時要參與重要活動而沒有名牌衣服穿的女性群體的需求就得到了滿足。對這些女性群體來說，她們的衣櫃裡有著足夠的衣服，但高級名牌有限，某場合需要衣著華麗時，如果自己花錢去購買，則非常不划算，因為這樣的衣服自己也穿不了幾次。而租賃，正好可以滿足她們的需求。這家公司會根據顧客的相關資訊，在進行資料分析後不斷更新衣服品牌，讓越來越多的顧客成為其忠實顧客。所以，不管銷售還是租賃，只要善於利用資料找準顧客需求，然後進行精準行銷，顧客一定會為此買單。

第四，嘗試網購試穿，讓顧客快樂網購

網購服飾已經成為顧客樂於接受的購物形式。雖然服飾受身材、尺碼等因素的影響較大，網購的衣服一般很難使顧客滿意，但有的商家卻想出了很好的辦法。該商家規定，顧客可以在網購時挑選好幾件自己喜歡的衣服，商家一併快遞給顧客試穿。當顧客經過試穿確定了自己喜歡哪款衣服後，可以將剩餘的衣服再還給商家，商家專門安排人上門取件。這樣，顧客不但滿足了網購的欲望，還買到了自己喜歡的衣服，沒有了後顧之憂，其購物體驗自然得到了提升。在這個過程中，商家不但得到了詳細的消費資料，還掌握了顧客的興趣愛好，之後商家只需精準行銷，就可以讓顧客成為忠實粉絲了。

第五，商家可以嘗試進行電子設備試穿，讓顧客精準選衣

上面提到，有的商家根據資料可以讓顧客進行網購試穿，也有的商家則更願意讓顧客進行電子設備試穿，協助顧客精準選衣。目前，有一些手機 App 可以幫助顧客進行網路試穿衣服。顧客打開軟體，可以利用手機攝影機完成模擬試穿，如果顧客覺得衣服搭配非常合適，可以在 App 上直接下單購買。而網路下，有的商家完成了電子設備試穿。在特製的電子設備前，顧客可以根據自己的愛好，調出該店任何一款衣服進行電子試穿，當顧客挑到自己喜歡的衣服時，就可以讓店員找出這件衣服進行實際試穿。這樣的好處是可以減少顧客試穿時的麻煩，精準選衣。不論是手機軟體的試穿，還是實體電子設備的試穿，都可以讓顧客的選擇更加精準，減少顧客的麻煩。而更重要的是，在試穿的過程中，顧客會留下重要的資料資訊，這對商家來說是極為寶貴的。

總之，不管怎麼說，提升商家的服務品質，以體驗來吸引顧客是任何一個商家迫在眉睫的挑戰。資料時代，只有巧妙使用資料技術，在分析資料的基礎上，制訂不同的策略，商家才能夠在精準行銷的路上越走越遠。否則，顧客就會離商家而去，那些不懂得精準行銷的商家也只能被時代所淘汰。

如何才能穿得更時尚、更得體、更順心，這不僅是顧客考慮的問題，也是商家亟待解決的問題。大數據技術的進步給此問題的解決提供了可能。不管是用資料去探索顧客喜歡穿什麼，還是用資料去向顧客精準行銷，資料永遠是商家繞不開的話題。有了資料分析做支援，商家的設計和決策將更可靠、更切合實際。讓合適的衣服穿在合適的人身上，讓不同體型的人都可以更時尚，這將是服飾商家不變的追求。不論是網路還是實體，只要顧客的需求得到滿足，商家就能業績長紅。

CAHPTER

4

主廚推薦：

舌尖上的餐飲大數據

「主廚推薦」原本可能只是推銷高利潤餐點的廣告詞，但在大數據
時代，它卻成為了人們生活中的現實。商家可以根據顧客的不同
愛好和口味，製作不同的餐點；商家可以讓顧客參與到餐點的製
作中，讓顧客自己調製喜歡的餐點；商家還可以根據顧客的健康
狀況，給顧客最溫暖的關懷……總之，餐飲資料不但能說明商家
行銷，更能幫助顧客的生活更加個人化和智慧化。

4.1 行動網路帶來的行銷管道變革

又到了週末，小華約好了朋友一起吃火鍋。至於要去哪家吃火鍋，小華早在大眾點評網上看了評論，決定去一家新開張的火鍋店吃，那裡的味道據說比較美味。下班前，小華在某團購網 App 上瀏覽了一下，發現有這家火鍋店的團購餐券，於是連忙團購了幾張餐券，利用手機網路付款完成交易。

團購完餐券後，小華看看時間，快下午六點了，這會兒那家火鍋店想必已經爆滿了。要是到了現場再排隊，時間不容許，怎麼辦？小華打開了手機裡的某餐廳預約 App，找到了這家店，發現現在正有 15 桌人在等待。小華趕緊在該 App 上領號碼牌，算算時間，趕過去的話時間正好。

終於下班了，小華收拾東西來到了火鍋店，看見現場有很多人在等待，但是他在手機上號次已經快到了。他打電話給朋友，朋友也快到了。等了幾分鐘，就輪到小華。小華和朋友開始吃火鍋，吃火鍋前他們還拍了幾張照片發在了微博和朋友圈。吃完飯，小華向店員出示了團購餐券 QR 碼，在店員掃描過 QR 碼後，小華和朋友心滿意足地離開了。出火鍋店門的時候，店員貼心地送上了薄荷糖和小雪糕。

回家後，小華在大眾點評網和團購網上發了評論，並在自己的微信朋友圈裡評價了幾句這家火鍋店的餐點。有朋友向小華要這家店飲的地址，小華在地圖 App 中搜了一下，將火鍋店的位置用微信發給了朋友。

過了幾天，小華收到了該火鍋店贈送了一張電子餐券，小華又約朋友去吃了一次……

這就是當下很多年輕顧客的生活用餐方式。從小華和朋友吃飯的過程中，我們可以看到，他們從決定到哪裡吃飯到最後分享給朋友，所有的過程幾乎都在手機上完成。手機已經成了他們生活中極為重要的一部分。連用餐費用的支付，他們都可以輕鬆在手機上完成，根本不需要自己拿出信用卡或者拿出現金找零。智慧型手機已經完全改變了過去傳統的吃飯習慣，行動網路讓人

們的生活變得更加方便、智慧。顧客再也不用為去哪兒吃飯而發愁，也不用
為吃飯時排隊的人太多而心焦，更不用擔心出門忘記帶錢包了，因為這一切
都能利用手機搞定。

顧客這些消費習慣的改變，對很多傳統餐飲企業來說的確是一個很大的挑
戰。如果顧客在手機中沒有發現這家餐廳，他們很難走進這家餐廳用餐，更
不用說是提前網路支付完畢，只等用餐。行動網路讓餐廳和顧客緊密地聯繫
在一起，而這家餐廳好不好，全部都得顧客說了算，得大眾點評網等團購網
站說了算。

餐飲企業面對這樣的巨變，到底該何去何從？到底該如何行銷才能吸引和留
住更多的忠實顧客呢？答案其實很簡單，要在行動網路行銷上做文章。

在過去，很多餐飲企業為了讓更多的顧客知道，往往採取打廣告或者是發傳
單的方式。有些餐飲企業，因為行銷管道比較少，宣傳不足，往往營業一段
時間後生意慘澹，不得不面臨關店的無奈。餐飲企業的行銷未來在哪裡？如
圖 4-1 所示。

圖 4-1　餐飲企業行銷的未來

一些做得比較成功的餐飲企業，他們的行動網路行銷做得比較好。不論是參加大眾點評網的點評，還是參加團購。這些有大批使用者聚集的地方，就是給企業免費做宣傳的地方，也是餐飲企業截獲大批使用者流量的寶地。網路時代和行動網路時代，流量入口很重要。得不到足夠的流量，就沒辦法讓更多的顧客接觸到企業。一些餐飲企業不願意做團購，認為團購利潤比較低。殊不知，做團購不僅僅是銷售產品，更重要的是為了引流，是為了做長遠的行銷。顧客在團購網站團購後，消費結束時他們都喜歡去團購網站寫點評論，這無形當中又為企業做了免費的宣傳。所以，面對行動網路的變局，餐飲企業做行銷首先就要注意利用引流，要善於將一些平臺上的免費流量轉化為自己的銷量。

當然，餐飲企業如果想獲取更多顧客的資料，可以與團購網和大眾點評網合作。如果想自己直接獲取一手的資料，積累自己的大資料庫，可以選擇研發自己企業的 App。很多大型的餐飲企業都已經研發了屬於自己的訂餐、消費 App，這樣使用者的資料就能一手掌握，以便企業在餐點研發和服務方面做得更好，吸引更多的顧客。

對於中小型的餐飲企業來說，研發一款 App 成本太高，微信公眾號就是一種比較好的選擇。餐飲企業可以在餐桌上、功能表上，甚至是餐具上印製微信公眾號 QR 碼，顧客在用餐的時候會因為好奇而關注企業的公眾號。有的餐廳甚至會做一些優惠活動，只要顧客現場關注企業的微信公眾號，就會免費送上一份前菜，或者在顧客結帳時給予優惠。總之，餐飲企業可以利用各種各樣的辦法來獲取使用者的資訊，完善自己的使用者資料庫。

當企業有新的餐點上市時，可以利用微信公眾號邀請熟客前來品嚐，還可以向顧客徵求意見。微信公眾號目前的功能開發已經非常完善，顧客在公眾號都可以直接下單和支付。使餐飲企業不但獲取了顧客資料，還減少了一些人力成本。

餐飲企業引流，除了上面提到的幾種方法，還有非常多的方法，如 QQ 美食地圖、百度地圖的周邊美食，等等。企業都可以充分利用，達到利用行動設備引流的目的。

引流只是餐飲企業拓展行銷管道的第一步，要想留住顧客，提高餐點的品質和企業的服務品質才是企業行銷的重中之重。既然企業有多重管道可以直接與顧客進行交流溝通，那企業在餐點的研發上完全可以根據顧客的需求來進行。利用積累的使用者資料分析，企業可以判斷某個時間段內使用者的數量、趨勢、口味特點等。例如，工作日時顧客可能對上菜的速度要求比較嚴苛，而週末對餐點的口味、色相等要求高，對店員的服務品質要求高等。餐飲企業就可以制訂相應的行銷策略，來提升顧客的消費體驗，增加使用者的忠實度。

除了這些，餐飲企業還可以增加一些趣味活動，贈送一點小禮品，讓顧客在用餐的過程中主動利用微信、微博等社交工具對企業進行傳播。行動網路時代是一個「用餐前先拍食物遺照」的時代，顧客的社交需求空前高漲。而利用行動設備的微信、微博進行社交是顧客最普遍的習慣。餐飲企業一定要抓住社交管道進行行銷，當顧客主動傳播企業的文化時，企業的行銷也就成功了一半。

行動網路帶來的行銷管道變化需要餐飲企業努力去適應。當顧客都盯著手機螢幕時，餐飲企業要是還不懂得行動設備的重要性，那只能坐以待斃。

4.2 基於地圖的餐飲行銷怎麼做？

大華曾經是一名廚師，經過幾年的鍛鍊後，他決定自己開一家餐廳。但是由於資金積累不足，只能在小巷子中開了一家小餐廳，人煙稀少，鮮有人光顧，收入慘澹。沒有顧客上門的大華每天只能玩手機打發時間，直到有一天，大華在玩微信時，一位利用「搖一搖」找到的網友與他聯繫上。在聊天的過程中，對方得知大華跟自己在一個都市，而且開了一家餐廳，於是提出要光顧大華的餐廳。由於大華所處的位置非常偏僻，也沒有任何地標性建築物，大華根本說不清楚自己在哪，所以他靈機一動，利用「發送位置」的功能把自己餐廳的地址發給了這位網友；過了一會兒，這個網友便憑藉著手機中內建的導航功能來到了小餐廳。

這件事情給了大華很大的啟發，隨後他便開始利用各種行動終端上的「定位」功能開始宣傳自己的餐廳，並且為顧客提供送餐服務，顧客只要在各個行動終端上給大華發送自己的「地圖位置」並且附上自己想點的餐，大華就會立刻使用導航功能將飯菜給顧客送上門。由於這種模式新穎方便，再加上大華的手藝高超，很多顧客都關注了大華的微信和微博。而大華在方便了顧客的同時，也為自己帶來了一群固定顧客，這也導致他的餐館被越來越多的人熟知。

一位普普通通的廚師，依賴行動網路地圖 App 的「定位」功能竟然把生意做得有聲有色，當很多企業還在感歎行動網路行銷的威力時，也不妨思考一下，為什麼自己的企業沒有把地圖功能用起來？

當你打開地圖 App，搜尋周邊美食時，你會發現地圖 App 已經啟用了定位功能，將你所處位置周邊的餐飲店家一個不漏地展示出來。有時候，連那些你從來沒有關注過的小店都會在百度地圖中出現，你甚至驚訝，原來還有這麼一家店！這就是手機地圖的魅力。

作為餐飲企業、商家來說，手機地圖的功能如此強大，如何才能利用它做好自己的精準行銷呢？

第一步，也是最重要的一步，就是申請入駐地圖 App

為什麼顧客在選擇餐廳的時候用地圖搜尋會發現他所處地點附近的餐廳？因為這些商家在地圖中都已經入駐了，他們的電話、位址、餐點、顧客的評論等全部都會顯示在地圖中。顧客只要搜尋，地圖 App 就會根據定位功能，找出距離顧客最近的餐廳。

那商家如何才能入駐地圖 App 呢？其實流程也很簡單，我們以 Google 地圖為例來說明，如圖 4-2 所示。

圖 4-2 「Google 我的商家」登錄服務

1. 商家首先在 Google 註冊一個帳號，因為這個帳號是 Google 的通行證；

2. 登入以下網址：https://www.google.com/intl/zh-TW/business/；

3. 在出現的搜尋框內輸入自己商鋪的名字，如果能夠搜到自己的名字，即可直接驗證，上傳自己的相關資料。

4. 要是在搜尋框內無法查詢到自己商鋪的名字，就需要先到地圖中標
   注自己的店鋪位置，然後再進行上一步的驗證過程，提交資料，待
   Google 審核後，就可以在 Google 地圖中搜尋到。

圖 4-3　地圖 App 上的餐廳展示

地圖 App 軟體為顧客提供了便捷的同時，也為商家提供了免費的行銷平臺。
基於手機定位的地圖，可以讓顧客輕鬆地找到商家，也能讓商家更好地展示
自己。行動網路和大數據技術給商家精準行銷帶來的便利是不可想像的，就
看商家是不是善於利用。

第二步，入駐微博、團購網站、QQ 美食等

基於手機定位的地圖功能並不是說只有在純粹的地圖 App 中才存在。智慧
型手機的定位功能已經被大多數 App 所使用，我們打開 App，都會發現只
要搜尋美食，這些軟體總能搜尋到距你最近的商家，很多 App 會直接標明
餐廳距你有多遠，如圖 4-3 所示。

如果商家入駐微博、QQ 美食等社群軟體，顧客會更容易透過手機定位搜尋到這家餐廳。更好的是，顧客會將自己的用餐體驗等利用社交軟體直接傳播出去。

如果商家入駐團購網站，那就需要商家適當地包裝一些團購活動。以前，很多高檔餐廳從來都對團購不屑一顧，但是從今年開始，很多高檔餐廳也參與到了團購活動當中。因為這是一個方便的引流平臺，團購 App 可以利用手機定位，讓附近的顧客輕鬆地搜尋到商家，增加商家的曝光概率，幫助商家輕鬆找到附近的顧客，如圖 4-4 所示。即使團購網站不能為商家帶來太多盈利，商家也要參與，因為這是一個不可或缺的行銷管道。沒有基於地圖的定位搜尋，商家花費再多的行銷費用，也可能得不償失。

圖 4-4　餐飲企業在團購 App 上的展示

第三步，利用地圖、定位軟體引流後，要善於積累顧客資料，把顧客轉化為自己的忠實顧客

這一步相對來說比較困難，很多商家並不具備這樣的能力。但是此步是不可少的。如果商家所有的行銷都依賴於協力廠商平臺，沒有屬於自己的資料庫，商家很難在餐點質量和服務品質上跟上顧客的需求，因為商家得不到來自顧客的一手資料，對顧客口味、愛好的變化無法提前預知。這就導致餐飲企業發展中總是存在瓶頸，無法更上層樓。

第四步，要注意規避風險，做好公關

基於地圖的餐飲行銷確實非常精準，能為商家帶來大批的顧客。但是商家也要注意到，這些所有的平臺，都有顧客評論的功能；商家如果不注意提升自己的餐點質量和服務品質，一旦顧客在這些平臺上發出負面評論，那就會嚴重影響商家的信譽和形象。如果商家還不懂得及時進行公關，那恐怕這些平臺就會變成商家的噩夢；不但不能帶來流量，還會成為商家倒閉的助推手。

不管怎麼說，行動網路和大數據技術既是機遇，又是挑戰。商家在精準行銷的過程中一定要把握好分寸，懂得合理使用。不要因為自己的不當使用，不但嘗不到大數據技術帶來的好處，還讓自己陷於不復之境。

4.3 如何積累自己的餐飲行銷資料？

餐飲產業是一個受口碑影響極大的產業，當餐飲企業的餐點得到某一位顧客的稱讚時，可能會有幾個，甚至十幾個顧客受到影響，前來用餐；當其餐點受到某一位顧客的詬病時，可能會導致一群人望之卻步，不再到餐廳消費。所以像大眾點評等點評網站，在某種程度上嚴重地影響著餐飲企業的發展。顧客所有的滿意和不滿意資料都會清晰地留存在點評網站上，大眾點評網是最清楚餐飲企業該如何改進的網站。

但對餐飲企業來說，像大眾點評、團購網等網站平臺的資料，是不可能輕易得到的。餐飲企業的餐點、服務等環節的顧客資料，餐飲企業要從大眾點評等平臺使用，用一次就得花一次錢，到了最後，餐飲企業根本用不起。然而，餐飲企業要想健康長久發展，就必須走上資料行銷的道路，把顧客所有的資料都掌握在自己的手中，以精準行銷。

缺少顧客的資料，而餐飲企業又迫切需要用資料來達成精準行銷，這樣的矛盾如何解決呢？最好的方法，自然是建立屬於企業自己的資料庫。不過，建立企業自己的資料庫說起來容易做起來難，資料積累是一個長期的過程，要建一個屬於自己的資料庫何其艱難。很多餐飲企業之前從來沒有積累顧客資料的意識和習慣，現在開始只能是零起步，這無疑是難上加難。

那企業到底該如何建立屬於自己的餐飲行銷資料庫呢？

第一，如果餐飲企業的使用者資料很少，或者是零起步，那企業應該考慮借助於一些資料平臺，先為自己購買或者租用一個基本的資料庫

有了這個基礎，餐飲企業進行資料行銷的起點就會高很多。當餐飲企業參與了大眾點評網、團購網站等平臺後，該餐飲企業的顧客就會在這些平臺上留下相關的資料，這些資料包括資訊、行為、關係三個層面。餐飲企業如果能夠暫時借用的話，可以順利地在這些資料之上展開自己的精準行銷。大數據時代是一個共用的時代，借用已有平臺上的資料雖然會提升企業的成本，但是總比企業零起步積累資料要輕鬆得多。

當然，任何企業要想長久發展，就必須依賴於自身的實力和資料，借用其他平臺的資料只不過是一時之舉，其他平臺的資料永遠不可能全部為你所用。要想在這個時代生存和發展下去，靠自身力量建立自己的資料庫是極為必要的。

第二，建立資料庫，一套完善成熟的 CRM 系統是企業必需的

CRM 系統，即顧客關係管理，是利用資訊科學技術，達成市場行銷、銷售、服務等活動自動化，使企業能更高效地為顧客提供滿意、周到的服務，以提高顧客滿意度、忠誠度為目的的一種管理經營方式。它以「顧客關係一對一理論」為基礎，主要的目的就是改善企業與顧客之間的關係，如圖 4-5 所示。

圖 4-5　培養更好的顧客關係

大數據時代，顧客關係管理是餐飲企業管理的重中之重。CRM 系統正好可以說明企業恰如其分地收集顧客資料，分析顧客資料，提升服務品質，達成精準行銷。很多餐飲企業都在使用 CRM 系統，但有的企業只是停留在淺層的收集資料層面上。要用好 CRM 系統要注意以下幾點。

1. 很多企業在引入 CRM 系統之前，其實已經有了收集顧客資料的意識和行為。但因為種種因素，收集的顧客資料只是一堆無效用的數位，並沒有產生價值。在引入 CRM 系統之後，企業應當立即將之前收集的資料登錄 CRM 系統當中，讓其進行資料分析和管理，發現隱藏在顧客資料中的顧客關係，為行銷決策提供依據和支援。

2. 要善於將 CRM 系統與企業既有的平臺相結合。在微博、微信如此流行的今天，相信很多餐飲企業為了促進行銷，也建構了屬於自己的官方微博和官方微信平臺。這些平臺上有很多顧客資料，企業應該要善於利用。例如，有的企業在微信公眾號開啟了網路訂餐功能，當顧客網路訂餐的時候，就會在微信公眾號後台留下相關資訊，有個人聯繫方式，也有個人喜好資料等。企業要把這些資料也納入 CRM 系統當中，為擴充自己的資料庫做好儲備。其實，一些比較聰明的餐飲企業行銷者還會借助於團購網站來收集使用者資料。使用者在團購網站參加團購後，必然要到實體的餐飲門店消費。在消費的時候一些企業就會趁機留下使用者的資料。這種靠團購網站的引流來完成資料儲備的方法，值得一些沒有自有網路平臺的餐飲企業一試。

3. 善用 CRM 系統將顧客資料與原料採購聯繫起來，重視顧客價值。一方面，傳統餐飲企業的原料採購都有很大的隨機性，當採購來的原料無法使用完時，此部分原料就得浪費；當採購的原料不足時，又會導致客流量的流失。而引入管理系統後，系統每天會根據物料倉庫最低庫存量自動下訂單，還會根據一段時間內的顧客需求量增加或減少某種原料的採購。另外，資料可以在顧客價值方面發揮巨大作用，不管是贏得新顧客還是挽回老顧客，資料分析都具備不可忽視的作用，如圖 4-6 所示。

4. 積極引入協力廠商付款，引導顧客改用網路付款，在節約人工成本的同時獲得使用者資料。協力廠商支付如支付寶、微信支付、QR 碼支付等，免去了收銀員找零等麻煩，可以節約一些人工成本。更重要的

是，顧客網路上支付的時候會留下其相關資訊，餐飲企業可以將這些資訊引入 CRM 系統當中，為企業的行銷決策做支援。

圖 4-6　顧客價值

所以說 CRM 系統是大數據時代的餐飲行銷利器，正如我們在前言中提到的那個故事一樣，當顧客打電話或者網路訂餐的時候，餐飲企業的店員就能得知顧客的相關資訊，包括健康狀況、資產、居住地等。而企業的 CRM 系統會根據使用者的這些資訊進行精準分析，給出更適合顧客情況的銷售方案，極大地提升顧客的消費體驗，增強其忠誠度。

大數據時代，資料能夠說明企業和個人做出決策。餐飲企業擁有了屬於自己的顧客管理系統和資料平臺，就可以清楚地看到企業整體的營運狀況，知道使用者到底想要什麼，喜歡什麼。資料在這個過程中充當了重要的角色，企業憑藉資料及資料分析，不但降低了成本，還更精準地達成了行銷。而這些，統統是我們所處的這個時代提供的。顧客的地理資料、人文資料和行為資料，已經具備了極大的使用價值，輔助著企業相關產品的營運和推廣。

企業如果還不懂得抓住蘊含如此價值的機遇，不懂得積累和建構屬於自己的使用者大數據，那企業未來的發展將缺少足夠的動力和空間。

4.4 讓顧客參與，DIY 自己的餐點

餐飲產業是一個最古老、最傳統的產業，無論科技怎麼發展，人們餐飲消費的需求都不會消失。再過幾百年，甚至上千年，只要人類存在一天，都要吃飯，都要與餐飲有關係。但是，隨著時代的發展和科技的進步，人們的餐飲消費需求也在發生著巨大的改變。過去物質資料匱乏的時候，人們主要關注的是餐飲的實用性，關心的是能不能填飽肚子。而如今，人們的物質生活水準有了極大的提升，人們更加關注餐飲的品位和服務品質，更加注重用餐時的體驗。

另外，隨著顧客消費習慣的改變和餐飲產業發展的深入，餐飲市場的競爭也越來越激烈。餐飲產業要想參與競爭，不但要在餐點質量上精益求精，還要在服務品質上不斷提高，不斷給顧客以新鮮感，讓顧客更多地參與到餐點的製作過程當中，享受自己動手的樂趣。

知名的海底撈火鍋早在幾年前就已經開始使用 iPad 點餐。當顧客用餐時，店員會為顧客送上一台 iPad。在 iPad 裡面開啟一個 App，顧客就可以看到海底撈所有的餐點圖片，某種菜是什麼樣子，在顧客面前一目了然。顧客再也不會像以往那樣，對著只有名字的菜單不知點什麼菜好。

使用智慧 App 點餐的另一個好處是，顧客點餐時會更輕鬆，不需要擔心店員一直站在身邊帶來的無形壓力，也不會因為店員無暇照顧而降低了用餐體驗。顧客想要什麼樣的餐點，直接在 App 上點擊下單，海底撈的廚房就能清晰地看到顧客已點的餐點，很快地將顧客的餐點送上來。

此外，海底撈使用 iPad 點餐的第三個好處是，iPad 本身能夠轉移顧客用餐時等餐的注意力。顧客會好奇於 iPad 裡面琳琅滿目的餐點圖片，甚至會玩

iPad 裡面已經安裝的遊戲等。顧客的注意力被轉移，等餐時也就不會覺得漫長，用餐體驗大為提升。

其實，像海底撈這樣的使用 iPad 點餐的餐飲企業已經有很多了。使用平板電腦點餐一方面不需要店員站在顧客旁邊等待顧客點餐，節省餐廳的人力成本；另外，顧客可以利用平板電腦獲得參與的快感，他們的點餐行為能直接傳達到廚房，無形當中讓他們覺得自己參與了餐點的製作。

很多餐飲企業覺得使用平板電腦 App 點餐成本太高，是因為他們只是看到了眼前的成本，沒有深入去分析隱藏在其背後降低的成本。這個時代的餐飲是重體驗的餐飲，要想提升自己的服務體驗，就必須以跟上科技發展的步伐。更重要的是，大數據時代，每一個餐飲企業都在想著如何收集顧客的需求資料，使用平板電腦正好是一個收集使用者需求資料的大好時機。企業必須利用好這個機會。

第一，餐飲企業可以選擇購買市場上大眾化的點餐系統

如今市場上各種各樣的智慧點餐系統層出不窮，企業可以根據自己的情況選購。如果選購了智慧點餐系統後還想增加一些功能，可以找專業人士進行二次開發。使用智慧點餐系統的好處是，可以將顧客進行分類管理，會員與非會員一目了然；可以對餐廳的庫存進行即時監控；可以收集和分析顧客需求資訊，實行精準行銷等。其實，目前一些小的餐館已經全面使用無線點餐工具，只是這種工具還停留在初級的節省人力物力的層面，還無法達到資訊收集、擴充餐飲企業資料庫的目的。

第二，餐飲企業要佈局智慧設備，在提升顧客體驗的同時，積極收集顧客需求資訊

像海底撈火鍋一樣使用平板電腦或 iPad 點餐的企業很多，但是有的企業在平板電腦裡面安裝的點餐軟體卻並不智慧，平板點餐也只是徒有其表。使用平板電腦點餐，是餐飲企業跟顧客親密接觸的最佳時機。顧客的興趣、愛

好、品味等資訊會在點餐的過程中自然流露出來。當點餐系統收集到這些資訊後，就可以進行快速分析，精準地向顧客推薦符合顧客口味的餐點，這樣一來，餐廳的銷量和口碑想不增加都難。另外，餐飲企業可以利用平板電腦增加顧客與廚師之間的互動，誘使顧客參與其中，提升顧客的體驗感。

在杜拜有一家餐廳，為了提升顧客的服務體驗，特地在餐廳內安裝了一批用平板電腦做成的互動式餐桌。當顧客前來消費時，他們可以在這個餐桌上進行觸摸點餐，自己喜歡什麼樣的餐點可以直接下單。下完單之後，平板電腦會有一個廚師攝影機選項，顧客點選後，可以在平板電腦上觀看正在為自己製作菜肴的廚師的一舉一動。當等餐時，顧客可以在平板電腦上登入自己的社交帳號，更新自己的狀態。當用餐時，顧客還可以選擇自己喜歡的桌布和圖案，可以用平板餐桌打造屬於自己的用餐格調。等顧客用完餐後，還可以在平板電腦上直接呼叫計程車，計程車會及時等候在餐廳外，送顧客回家。

如此智慧的生活，其實只要國內的餐飲業想去做，也很容易能夠做到。讓顧客參與進來，在用餐的時候獲得一種參與的滿足感，顧客的忠誠度自然猛增。最關鍵的是，顧客在整個用餐的過程中，已經將很多行為資料展示給了餐廳，獲得這些資料後，餐飲企業進行大數據分析自然輕而易舉。

第三，開發餐飲企業專屬 App

有的餐飲企業認為定制屬於企業自己的 App 太不划算，因為成本太高。目前市場上，擁有自己獨立 App 的餐飲企業也確實不多。但是隨著智慧設備的進一步普及，顧客的消費行為將更依賴手機。一些小企業意識比較積極，早早地開發了微信公眾號作為自己訂餐和佈局 O2O 的工具，如圖 4-7 所示。但是微信公眾號畢竟是一個大的平臺，個人化功能開發方面有很大的局限性。有的餐飲企業過多地依賴於大眾點評、團購 App 等協力廠商顧客端，雖然暫時降低了企業的成本投入，但從長遠來看，對企業的持續發展還是有限制的。餐飲企業的精準行銷、優惠資訊發佈、與顧客的一對一溝通等都會受到掣肘。如果定制了屬於自己的專屬 App，就能解決上面所說的問題，並且這個 App 還可以直接變為企業的接待櫃台和收銀台，在不斷累積使用者

資料的同時，大大降低了企業的人力成本。市場上，我們看到肯德基、麥當勞、必勝客等速食連鎖企業已經擁有了屬於自己的 App。所以他們在進行實體 O2O 佈局的時候會更有優勢。尤其是顧客用餐後，會在 App 上進行用餐體驗評價，促使餐飲企業不斷改進服務品質，另一方面也為企業樹立了良好的口碑，增加客流量。

圖 4-7　某餐飲企業 App

第四，讓顧客自己 DIY 餐點，使顧客成為真正的廚師

此點目前還停留在概念階段，但是不久之後就會達成。必勝客曾經發佈過一個影片，在影片中，必勝客開發出一種特殊的桌子，在這個桌子上配備了觸控螢幕。當顧客前來享用披薩時，顧客可以選擇自己 DIY 披薩。在特製的桌子上，顧客可以看到一張等待加工的虛擬披薩「範本」，在這個範本中，披薩的大小尺寸、厚度、餡料的樣式、選配的芝士的種類等一應俱全。顧客可以瞬間化身廚師，根據自己的口味自由搭配披薩的成分。當顧客選擇好披薩的選料搭配方案後，相關的資料就會傳回廚房，廚師們根據這些資料很快

製作出個人化的披薩。可以說，這樣做出的披薩完全是個人化的。顧客的口味、喜好等都決定了這個披薩是獨一無二的，顧客能夠想像出什麼樣的披薩，在範本範圍內，都可以隨心所欲地 DIY。

如果以後餐廳用餐都能達到這樣的程度，那用餐的體驗不知要提升多少。自己喜歡鹹的，還是喜歡辣的，都可以隨心所欲定制，生活的智慧化將大大超出想像。

所以說，即使餐飲產業是最傳統的傳統產業，在網路和大數據時代，我們的餐飲體驗還是有極大的提升空間的。高科技和大數據將給餐飲企業帶來新的發展機遇，餐飲企業一定要好好把握。

4.5 社交飯局：社群平台上如何做餐飲行銷？

這幾年社交媒體的崛起為行銷領域帶來了新的機遇。微博、微信、人人網、QQ 等社群平台上聚集了大量的流量，是餐飲企業進行行銷的絕佳地點。但是，面對大量的顧客，餐飲企業卻不知道該如何下手，不知道如何才能精準地找到顧客。以前，餐飲企業做行銷愁找不到客流量；現在，面對社群平台

的大量的客流量，餐飲企業卻又不知道如何做。這就是當下餐飲企業面臨的行銷困局。

中國的餐飲文化非常發達，餐飲一方面滿足了顧客的生理需求，另一方面更滿足著顧客的社交需求。我們喜歡和很多人一起吃飯，在吃飯的時候享受社交的樂趣；我們也喜歡讓信任的人推薦餐廳，因為我們在接受別人推薦的時候自然就與別人形成了互動；我們更喜歡去名人、明星等推薦的餐廳，因為那可以滿足我們社交的渴望……所以，餐飲天然就與社交有著密不可分的聯繫，要做好餐飲行銷，就不能脫離對社群平台的研究。

當下客流量比較集中的社群平台主要是微博、微信、大眾點評、豆果網等。這些平臺在餐飲行銷方面各有優勢，餐飲企業在進行行銷時要注意區分，採取不同的策略和方法。

一、微博中的餐飲行銷

微博是一個開放的社會化平臺，只要有人在微博上發言，所有人就都能夠看得到，是一個聚集人氣的好工具。在微博剛剛興起時，使用者比較天真，只要某個企業公佈了一條優惠資訊，使用者們就會瘋狂轉發。但是隨著使用者不斷成熟，企業單靠發佈一些優惠資訊，發一些流於形式的文字時，使用者就不會再參與到傳播當中來。這就要求企業必須轉變思維，深入思考微博的精細化行銷手段。對於餐飲企業來說，可以從以下幾個角度思考，如圖 4-8 所示。

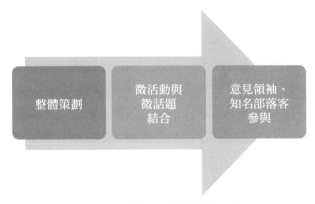

圖 4-8　餐飲企業的微博行銷

第一，善於進行微博行銷整體策劃

從某種意義上來說，微博是一個媒體工具，所有的粉絲都可以看作為觀眾。餐飲企業要想吸引觀眾，博得觀眾的青睞，就必須選擇一個好的主角。有了這個主角，觀眾才會認真傾聽，進而成為企業的忠實粉絲。至於如何選擇好的主角，這就需要企業根據自身的情況來定。可以是企業的老闆，可以是企業創始人，更可以是某位顧客，只要這個主角選得正確，觀眾自然會被吸引。我們之所以說要進行整體策劃，就是要求企業在微博行銷的過程中要有一以貫之的思維，不能只是零散的、片段的東西。零散、片段的東西只能引發觀眾一時的興趣，它不會持久產生作用。例如，星巴克、肯德基等企業的微博行銷始終以其企業故事展開，將其企業理念貫穿其中。

第二，多推出一些微博「微活動」「微話題」

在微博上，每天都會出現數以萬計的微活動和微話題，它們能夠將興趣、愛好比較一致的人群聚集在一起，更精準達成行銷。餐飲企業推出一些優惠活動時，可以在發起微活動的時候發起相關的微話題，讓粉絲們參與討論，這樣可以提振人氣。有的餐飲企業會經常發起微活動，並自我滿足於微活動的轉發量。但如今的微博資訊已經面臨氾濫的困局，很多粉絲或許只是想獲得

活動中的優惠，對活動的內容並不關注就轉發了。這樣帶來的轉發量其實是無效的。如果輔以微話題，讓粉絲們參與討論，企業的宣傳效果就會好很多。

第三，邀請一些意見領袖和知名部落客參與

意見領袖和知名部落客對粉絲的影響是不可估量的。企業與其花費九牛二虎之力而無成效，還不如採取借力的方式讓意見領袖和知名部落客影響粉絲。

二、微信中的餐飲行銷

有人說微信才是精準行銷的強勢利器，相比於微博，微信可以精準地向粉絲推播食尚資訊、餐廳產品消息、餐廳最新活動等資訊，還可以充當櫃台和收銀員的角色。微信還可以與 CRM 系統結合使用，獲取使用者的相關資訊。但是微信也有一個不足，就是使用者無法準確、全面地看到其他顧客的評價。面對此弱勢，微信推出了微社群，這在一定程度上彌補了使用者不能查看評論的缺陷。不管怎麼說，企業的微信行銷要從以下幾個角度來思考，如圖 4-9 所示。

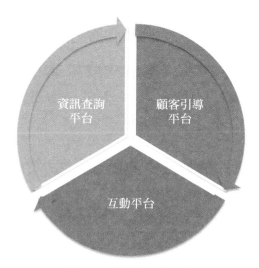

圖 4-9　微信的行銷角色

第一，微信平臺首先要成為一個資訊查詢平臺

除了企業每天向使用者推播資訊外，使用者還會主動去查詢企業的相關資訊，包括餐館特色、價位、訂位、消費點評等。這些資訊對於初次接觸的顧客來說至關重要，這是他們瞭解餐飲企業的重要視窗。所以餐飲企業的微信公眾平臺一定要盡可能地完善相關資訊。現在微信的後台早已開放，企業可以根據自己的情況開發微信功能表，方便使用者查詢。

第二，微信平臺要成為引導消費的平臺，是網路實體貫通的平臺

很多餐飲企業依賴於微信平臺佈局 O2O，就是看到了微信的這個優勢。利用網路實體的互動，微信平臺可以引導顧客消費，可以吸引更多顧客前來消費。

第三，微信平臺也要成為一個互動平臺

因為微信平臺自身的特點，導致企業在與使用者互動的時候，只能一對一互動。雖然一對一互動更加精準，獲取的使用者資料也更有價值。但顧客無法看到別人的評論和評價時，對餐飲企業的信任度就會降低。所以很多企業在微信平臺上也開啟了微社群，供顧客評價和分享，但企業一定要善於管理微社群，做好引導。

三、大眾點評網和豆果網等平臺行銷

這些平臺上的餐飲企業主要追求的是口碑。顧客在這些平臺上的評論、評價是其他顧客是否選擇該餐廳的重要依據。餐飲企業如果在這些平臺上進行行銷，一定要注意自己企業的口碑引導。雖然餐飲企業的口碑是很難定義的一個問題，顧客的口味、愛好等因素直接影響著他們對餐廳的評價；但如果餐飲企業不懂得進行口碑引導，就會導致惡性循環，餐飲企業應該如何做呢？如圖 4-10 所示。

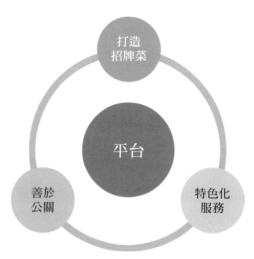

圖 4-10　企業如何利用平台行銷

第一，打造屬於自己的招牌菜

餐飲企業不管如何宣傳，最終都是要靠自己的招牌菜來留住顧客的。很多企業都會推出屬於自己的招牌菜，很多顧客正是衝著這些招牌菜來的。有了招牌菜做基礎，顧客自然不會有太多的批評。這樣在大眾點評等平臺上，顧客的口碑就比較容易引導。

第二，提升服務品質，走個人化、特色化道路

顧客到餐廳用餐，不僅僅是消費餐點，同時也在消費餐廳的服務。如果餐飲企業善於搞特色化、個人化的服務，顧客的滿意度自然就會提高，他們的關注點就不再僅僅停留於餐點上。顧客的消費體驗提升了，他們的評價自然不會太差。如果特色化、個人化的服務正是顧客需求的，那他就會成為企業忠實的粉絲和口碑傳播者。

第三，善於公關

當一些平臺上出現企業的負面資訊時，企業要善於及時公關，以真誠的態度面對顧客，而不是刻意掩蓋。有的企業餐點出現品質問題，當顧客質疑時，

會將責任推到店員或者廚師身上，這對顧客是極不負責的，會產生非常大的負面影響。相反地，如果企業以真誠的態度，及時邀請顧客再次體驗，說不定顧客就會大逆轉，成為企業的忠實粉絲。

總之，社群平台上的行銷各有各的策略和方法，不能將其混為一談。企業在進行行銷的時候，要善於結合自身的實際去調整策略。另外需要注意的是，進行社群平台的行銷，肯定要有專門的人員去做，這就必然會提高行銷成本。企業一定要計算清楚付出的成本與得到的回報之間的關係，不可跟風。

4.6　未來食客們到底關注什麼？

「吃、穿、住、行」是伴隨著人類永恆發展的話題。尤其是吃，居首位，它的地位無人能撼動。人活著就得吃飯，所以餐飲既是傳統產業，又是朝陽產業。未來，餐飲產業的發展肯定有很多的變數，也會有很多的創新。餐飲已經不僅僅是吃飽這麼簡單。隨著社會的發展，附加在餐飲之上的因素會越來越多，人們在用餐時除了關注美味餐點，到底還關注什麼呢？如圖 4-11 所示。

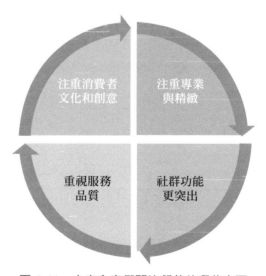

圖 4-11　未來食客們關注餐飲的哪些方面

第一，人們在用餐時將會更加注重專業與精緻

隨著時代的發展，年輕人逐漸成為社會消費的主力軍，他們在用餐時會更加關注自身對「吃」的理解。吃什麼？怎麼吃？到哪兒吃？是年輕人關注的焦點。同樣的一盤蔥爆牛肉，有可能某家小餐館做得更好吃。年輕人就會為了吃這盤蔥爆牛肉成為這家小餐館的忠實粉絲。未來，大而全的餐飲企業可能前景並不會太好，只有那些在垂直細分領域內有專長的小而美的餐飲企業才更有發展空間。

顧客在「吃」這個方面，開始逐步追求專業與精緻。不論是餐點的精緻，還是裝修格調的精緻，都有可能成為打動顧客的因素。那對於企業來說，面對顧客此需求的變化，該怎麼辦呢？

很簡單，走專業化道路。其實縱觀很多傳統的百年小吃之類的餐飲企業，走的正是專業化和精細化道路。鼎泰豐小籠包是招牌菜，人人都要嘗看看；龍都酒家的烤鴨不管合不合口味，每桌都免不了要點一隻。專業化和精細化要求餐飲企業要在自己的一畝三分地上盡可能地做到無人可及，沒有競爭對手。只有做到這個地步，顧客才會慕名而來。

另外，很多人有這樣的誤解：餐飲企業要做到專業化和精細化，就需要把企業做大。其實這是一個迷思。君不見大街小巷都有一些面積不足 5 坪的小店，終年顧客絡繹不絕，為什麼？就是因為他們做到了精細化。顧客都是衝著這個小店某樣餐點而來，為了滿足自己對「吃」的認知和理解而來。

第二，人們在用餐時更關注餐廳的服務品質

這個問題我們已經談論過了，但它是所有餐飲企業未來發展的核心問題之一。餐廳的發展固然離不開餐點質量，但是服務品質往往也決定著餐廳的興衰。很多人都會說王品集團口味並不是最好吃的，但是他們為什麼經常去西堤、台塑牛排或陶板屋呢？因為他們是去享受王品的服務。店員熱情周到的服務，輕鬆自然的用餐環境，外加王品自身塑造出來的形象，讓顧客早把口

味要求放到了第二位。關於餐飲企業如何提升服務品質，相關範例太多，這裡不再贅述。

第三，人們在用餐時開始注重消費文化和創意

餐飲產業的黑馬層出不窮，為什麼這些餐飲企業短期內能夠做出一片天？主因之一是他們在餐飲當中注入了文化因素。顧客在消費餐點的同時，其實就是在消費文化。

我們在市場上還會見到諸如監獄餐廳、眷村餐廳等另類的餐廳。顧客去這些餐廳消費，難道只是為了果腹嗎？顯然不是，顧客是衝著其創意和文化去的。有的顧客從小在眷村長大，去眷村主題餐廳用餐，其實是為了回憶童年。總之，不管什麼樣的創意和主題餐廳，一定有文化要素包含在裡面。顧客對餐飲的要求不再停留在物質層面，已經提升到了精神層面並有了更多要求。

第四，人們用餐時更依賴於網路，餐飲的社交功能更突出

「七年級」、「八年級」逐步崛起，並主導了市場的消費主流，這使得餐飲企業曾經的行銷經驗在一夜之間失效了。「七年級」、「八年級」作為消費主體，他們在取號、訂餐、點餐、支付、點評等環節都嚴重地依賴於網路，利用一支智慧型手機，他們就可以搞定一切。便捷、特色成為他們餐飲消費的一大重要需求。在用餐時，他們會拍照評價餐點的好壞，在社交軟體上傳播自己的用餐體驗等。這一切都給餐飲企業帶來了極大的挑戰，難怪餐飲產業會與尼爾森聯手，搜狐會成立一個名為「舌尖資料研究院」的機構。網路在給顧客提供了便利的同時，也為餐飲企業的決策帶來了便利。餐飲企業只要善於累計和利用資料，未來人們消費行為變化的一舉一動都可盡收眼底。

此兩年，因為種種原因，餐飲產業也開始轉型。大型、高檔的餐飲企業開始走下坡路，而中低檔餐飲企業的發展反而蓬勃向上。以前，高檔餐廳對諸如團購、大眾點評等網路行銷不屑一顧；如今，它們也放下身段，開始投入到網路、大數據的行銷之中。

餐飲是個非常傳統的產業，人們卻賦予了它諸多意義。社交、服務、體驗、文化等，都隨著顧客需求的提高而逐漸成為餐飲企業的必備要素。隨著 O2O 模式的完善，很多餐飲企業更是加入到了 O2O 的佈局大戰中，網路點餐、實體配送的速食模式，網路團購、實體消費的體驗模式等都已經成為顧客的日常生活。而對於餐飲企業來說，這種變化既是挑戰，又是機遇。

餐飲的市場在不斷細分，競爭壓力增大，但是商家掌握的顧客資料和可用來行銷的手段也越來越多。商家該怎麼辦？餐飲該去往何處？相信每一個餐飲企業都有自己的答案。

網路、大數據、雲端運算，這個時代給了商家太多的可能。餐飲企業只要積極利用新科技，並不斷滿足顧客的口味和需求，相信在將來，市場必是一片大好！

CAHPTER

5

說走就走：

地圖和街景資料中的
行銷秘密

我們常說，人一生要來一場說走就走的旅行。可是對很多「路癡」來說，走出家門就可能迷路，談什麼說走就走。不過，網路時代，迷路的困惑已經被解決了。只要手裡擁有一部可以上網的智慧型手機，走遍世界都不怕。在過去，說走就走還面臨一個困境，預訂車票、旅館等很麻煩，說走就走可能帶來道不盡的傷。如今，手機 App 可以幫你搞定一切，因為商家早在你的網路數據中預知了你下一步的行動……

5.1 地圖知道你所有足跡的秘密

據統計，2014 年全球智慧型手機出貨達 12 億支，預計到了 2018 年，將突破 19 億支。這樣的資料說明了什麼？說明了在如今社會，智慧型手機已經成為非常普遍的大眾消費品。尤其是年輕消費群體，人手一支智慧型手機是理所當然的。而隨著網路技術的進一步發展，顧客對智慧型手機和網路的依賴越來越強。有了這種便利條件，網路和智慧型手機也幾乎知曉使用者的所有資訊。

2014 年，爆發了蘋果手機侵犯使用者隱私的問題。在蘋果手機 iOS 7.1.1 系統下，使用者依次打開「設定、隱私、定位服務」，就可以看到系統中有允許開啟定位服務的選項。在這個頁面中，有一個「常去地點」功能，這個功能在蘋果手機出廠的時候是預設開啟的。當使用者進入「常去地點」頁面後，就可以看到裡面有一大串的歷史記錄，這些歷史記錄詳細記載著該蘋果手機的持有者曾經在什麼時間去過什麼地方，以及在這些地點停留了多長時間。更令人驚訝的是，這個功能還會對這些歷史記錄進行分析，主動協助使用者將這些地點進行歸類，如家庭、公司等。

此曝光讓所有的蘋果手機使用者都意識到了自己資訊洩露的風險。但是身處網路時代，沒有一個人的資料是可以完全保密的。只要在網路上活動，使用者的資料就會被有意無意地收集。不僅蘋果手機存在這個漏洞，Android 手機的 App 上也存在使用者位置資料被收集的風險。只不過，這些 App 在取得使用者位置資料時都會跳出警告訊息，使用者可以選擇是否允許被定位。從另一個角度來說，只要不是使用者的關鍵私密資料被暴露，商家利用這些使用者位置資料進行精準推播和服務，其實也是兩全其美、各自受益的事情。

就拿我們手機中最常見的地圖軟體來說，顧客不論是步行，還是駕車，到了一個不熟悉的地方，就會用到地圖導航。在使用地圖導航的時候，使用者的位置資料就必須回饋給地圖軟體，以獲得精準的路線。在這樣的情況下，地圖軟體獲取使用者的位置及足跡資訊是必然中的事情。根據易觀發佈的《2014 年第 1 季度中國手機地圖導航 App 市場季度監測報告》資料顯示：截

至 2014 年第 1 季度，中國手機地圖導航 App 市場累計帳戶數已達 13.3 億。地圖、導航軟體已經成為顧客使用頻率極高的手機 App。

我們以百度地圖 App 為例，在百度地圖中就有一個足跡地圖，它記錄了使用者使用導航的次數，記錄了使用者去過的地方，甚至還記錄了使用者去這些地點的具體時間。使用者可以利用百度地圖回憶自己曾經去過的地方，回憶曾經去過的景點等。在這個過程中，使用者的相關資訊就會被地圖軟體記錄，如去過哪些景點、去過哪些餐館、住過什麼星等的旅館等。

地圖的這種特性對商家來說表示什麼呢？表示商家可以利用地圖定位的便利性展開區域精準行銷。在餐飲行銷中我們就曾提到，餐飲企業可以去地圖軟體上認領自己的具體方位，這樣顧客在搜尋的時候就能很容易地搜尋到他附近的餐館。當然，這樣的行銷都是被動的，只有顧客搜尋的時候，才有可能被呈現。那麼，如果商家要主動精準行銷呢？當然可以，地圖軟體可以說明商家做到這一切。

第一，商家可以根據自身情況精準地投放廣告

對於旅行社、旅館、景區等商家來說，自身並不具備研發地圖軟體的能力，要想精準行銷，就必須依賴於其他地圖軟體精準投放廣告。這種精準性呈現在以下幾個方面。

1. 地域精準性。目前，很多免費的地圖軟體都在走「地圖＋廣告」的模式，他們掌握了使用者的精準資料後，就可以說明商家進行精準行銷，如圖 5-1 所示。如果一家旅館是專門服務於本地顧客的，那這家旅館就應該在地圖軟體中投放適合本地需求的廣告。本地的顧客在使用地圖軟體時，自然會看到相關的廣告，對這家旅館產生興趣；如果一家旅行社是專門做國際旅遊的，那這家旅行社在投放廣告時就應該要求地圖軟體精準推播，那些經常出國或者有出國意向的使用者才是這家旅行社最精準的使用者。

圖 5-1　地圖軟體的精準行銷

2. 需求精準性。很多顧客往往利用地圖軟體來獲得本地的相關資訊，瞭解本地的相關事務。他們在搜尋的時候往往給地圖軟體留下了一些痕跡。利用對這些痕跡的追蹤，地圖軟體可以清晰明瞭地得到使用者的潛在需求。所以商家在投放廣告時，利用地圖軟體投放會更加精準。

例如，有的使用者經常在加油站或汽車維修站附近出現，那這個使用者很有可能是車主或者準車主。地圖軟體在投放廣告的時候就會有意給這個使用者展示一些與汽車相關的產品。如果使用者的需求正是廣告推播所展現的，那使用者就會形成消費。如果更精準的話，地圖軟體投放的廣告正是顧客所喜歡的品牌，這樣顧客形成購買的可能就會更大。

第二，商家可以與地圖軟體達成合作，讓地圖成為商家銷售的一個視窗

不論是百度地圖、高德地圖，還是其他品牌的地圖軟體，他們都在往一個方向努力，那就是「一圖在手，天下我有」。顧客利用地圖軟體不但能夠導

航，還能夠利用地圖軟體預定機票、景點門票、旅館等。顧客想來一場說走就走的旅行，會變得非常容易，在地圖軟體上就可以搞定。如此精準方便的銷售平臺，商家有什麼理由不用呢？

況且，高德地圖還推出了室內地圖＋步行規劃。當顧客逛大型商場時，往往會找不到自己想去的門店，有的商場中導航指引做得也不完善，所以顧客在逛完了整棟商城的時候還沒有發現自己想要找的門店。這個時候高德地圖的室內地圖＋步行規劃就幫上忙了，它可以幫助顧客在道路曲折的商業綜合體中準確地找到商家。同理，商家可以利用高德地圖的此特點，為自己引流，獲得更多顧客的青睞。

第三，商家要善於聯合地圖軟體策劃一些活動，贏得顧客

百度地圖在 2014 年曾經做過一些活動，在北京、上海、杭州、成都、廈門這五個都市，顧客只要在當時的新版地圖中搜尋「fun 開吃」，地圖上就會呈現一些免費發放美食的商家位置，顧客利用「步行導航」功能抵達商家都可以領取美食。這些活動雖然是百度主導的，但它是一個非常好的啟示。商家利用與地圖軟體的合作，可以規劃很多非常好玩的活動，引流顧客。商家如果不懂得巧妙地使用地圖軟體，那大數據時代的機遇就會悄然溜走。

總之，地圖定位、顧客的位置資料，已經成為諸多商家和廣告爭奪的戰略高地。如何利用地圖達成精準行銷，企業都正在探索的路上。只有那些新奇巧妙、引人注意的行銷策略才能將地圖的定位功能很好地利用起來。顧客會擔心自己隱私的洩露，但是並不會反感合心意的精準行銷。當商家恰如其分地將顧客最需要的商品推播到顧客面前時，顧客感受到的是一種溫暖和信任。當商家利用大數據準確地分析出顧客的潛在需求並把產品送到顧客面前時，顧客感受到的是滿滿的驚喜。

大數據時代，合理分析和使用資料是這個時代的應有之義。商家可以積累使用者的資料，但是一定要維持道德的底線，要正確合法地使用顧客的位置資料，否則只會給自己帶來滅頂之災。

5.2 如何讓旅遊 App 知道顧客想去哪兒？

隨著國民收入的增長，人們對旅遊的需求也日益增長。這幾年，不管是國內或出國旅遊，市場都呈現出明顯的增長態勢。顧客旅遊出行的需求增長也促使旅遊產業競爭加劇，一些傳統的旅遊產業在激烈的競爭中無法跟上時代發展的步伐，往往很快被淘汰。而在網路時代崛起的網路旅遊業，卻發展得如火如荼。這是為什麼呢？因為這些網路旅遊業掌握了時代最重要的武器—資料，利用資料分析，他們對旅遊市場的現狀和變化瞭如指掌；而傳統旅遊業還在靠原來的經驗發展市場，自然跟不上時代。

當下，在中國市場上，有很多的旅遊 App，如攜程、藝龍、去哪兒、去啊等，它們佔據了很大一部分旅遊市場。顧客可以在這些 App 上輕鬆預定行程，輕鬆搞定旅館，隨時出遊。不過，因為市場競爭加劇，就連這些旅遊 App 也出現了同質化嚴重的問題。顧客打開這些 App，會發現其介面大都大同小異：旅館、機票、美食、租車等。顧客要想預定旅館，就得手動去選擇省會、都市、商圈、價格等篩選條件，經過若干複雜的過程才能最後找到自己想要預定的旅館，十分煩瑣。

既然是大數據時代，資料能夠掌控顧客的依據一動，那旅遊 App 能不能做到提前預知顧客要去哪？想要住什麼樣的旅館？什麼時候去？答案是肯定的。大數據發展到今天，很多的電商網站已經將大數據技術運用得比較純熟，如亞馬遜商城。大數據技術會讓人們的生活更加智慧，會為顧客提供智慧化、個人化的消費體驗。旅遊 App 如何給人們的出行帶來更智慧化、個人化的體驗呢？

一、資料收集，以模型定位顧客潛在需求，精準行銷

我們都知道，每一家開展大數據探索的公司，都會在資料收集時建立相應的模型，這樣就可以進行精確篩選。經過模型的篩選，資料會探索出顧客的潛在需求，為行銷提供決策依據。

2014 年，美國的 Attract China 網站為了進一步擴展旅遊業市場，準備擴大在中國的赴美旅遊宣傳，如圖 5-2 所示。面對巨大的中國市場，這家美國公司如何精準定位人群進行宣傳呢？當然是大數據探索。美國 Attract China 網站找到了中國比較有名的大數據探索和行銷服務的智子雲公司，提出了資料方面的合作。

TOP EXPENDITURES INCLUDE

Attract China's Printed Mandarin Maps are THE essential tool for Chinese travelers. These high quality, portable, pocket-sized maps are truly the best Mandarin language maps being produced specifically for Chinese travelers-don't just ask us, ask Chinese travelers Even CCTV News, China's largest news agency, promoted them as such.

圖 5-2　Attract China 網站為中國遊客提供美國都市地圖

既然是資料收集，那麼 Attract China 和智子雲公司如何才能找出那些想出境旅遊的中國顧客呢？況且，僅僅找到這些潛在顧客還遠遠不夠，要想讓行銷決策更有說服力，就得細分到具體的消費需求，如消費等級、消費愛好等。

這就需要利用建立使用者資料模型，利用網路資料來進行篩選，例如，要找出那些春節期間想去美國旅遊的顧客，大數據公司就會鎖定搜尋引擎中的如下資料：曾經搜尋過美國景點和旅館的人群資料、曾經在旅遊 App 瀏覽和查看春節期間美國機票和旅館價格的人群資料，曾查詢過辦理赴美簽證的人群資料等。有了這些資料，大數據公司就會有針對性地去記錄這些使用者的行為，經過複雜的資料分析和運算進一步篩選使用者。經過這些篩選，剩下的都是真實的潛在使用者，Attract China 就可以對這些使用者進行精準的廣告推播，如旅館、租車、導遊等旅遊服務方面的推播。這讓顧客會自然而然地接受廣告宣傳，形成購買。據說 Attract China 在耗費鉅資進行了這些資料

收集後，他們的定向廣告的點擊率提升了好多倍，接下來他們的旅遊決策將更有資料可依，風險大大降低了。

從這個例子中我們也可以看出，大數據探索的巨大價值。面對巨大的市場，企業再也不需要大海撈針式的耗時耗力，只需要在資料模型的基礎上精準行銷，就可以取得不錯的行銷效果，既節省了成本，又避免了濫發廣告引起的顧客反感。

二、根據資料分析打造個人化頁面，直接展現需求

既然旅遊 App 同質化嚴重，那走個人化道路就是未來旅遊 App 發展的方向。當顧客打開旅遊 App 時，App 已經根據顧客的資訊預先判斷顧客的需求，呈現在他面前的就是他需要去的地方的旅館、機票、風景、美食等推薦，他只需要輕鬆點幾下確認，就可以出行無憂。這樣一來顧客省去了選擇的煩惱，旅遊 App 也因為精準的推薦而提高了成交率，兩全其美。

當然，能做到如此個人化和精準推薦，旅遊 App 就必須有強大的資料分析做支援。中國比較知名的旅遊 App 攜程就已經開始了這樣的行動，去年攜程投資了一家專做大數據的公司，其目的就是為了佈局大數據精準行銷。並且，攜程已經開始向部分顧客做個人化推薦，這些顧客只要打開攜程的 App，就可以得到攜程精準的推薦，是出去旅遊，還是去出差，攜程都像是最貼心的秘書一樣，輕鬆搞定一切。

其他旅遊企業要想做到跟攜程一樣，在大數據時代分享資料的紅利，就必須重視資料，提升自己的資料處理技術。要做到此點，單靠旅遊企業自身的力量是不夠的，可以像攜程一樣選擇合作共贏，從專門的資料公司得到資料支援。去年，攜程網、當當網、易車網、珍愛網、智聯招聘、虎撲體育網等網路公司聯手成立了一個名為「UMA（中國網際網路優質受眾行銷聯盟）」的資料聯盟，在一定程度上達成了企業間的資料共用，走出了企業間資料分享的第一步。未來，相信利用雲技術的完善，企業間的資料共用會越來越深入，大數據分析也會越來越精準。

三、做好旅遊資料再行銷，避免價格戰

在旅遊市場上，這幾年價格戰愈演愈烈。很多旅遊企業為了贏得新顧客，不惜以低價和欺騙手段拉攏顧客。這種惡性競爭導致旅遊市場的口碑越來越差，連那些老顧客都不斷離旅遊企業而去。如何才能避免惡性競爭帶來的不良影響呢？進行旅遊資料的再行銷。

何為旅遊產業的資料再行銷？就是基於旅遊企業老顧客資料的持續、深化行銷，而不是將注意力重點放在新顧客的爭奪上。旅遊產業有一個特點，就是真正能為旅遊企業帶來利潤的並不是新顧客，而是已經有過消費的老顧客。當顧客在某個旅遊 App 消費過後，如果消費體驗比較好，他就會對這個 App 產生依賴感。他重複購買的機率和後續產品購買的機率就會大很多。

有人曾經做過這樣的資料測算，如果 App 上有 100 萬的流量，那最終可能只有 1% 的流量，即 1 萬人會轉化為這個 App 的新顧客。這 1 萬人的新顧客在消費後，轉化為忠實的老顧客的比率大概是 10%，即 1 千人會成為該 App 的老顧客。而選擇去購買該 App 後續產品的顧客中，有 80% 的是老顧客，如圖 5-3 所示。

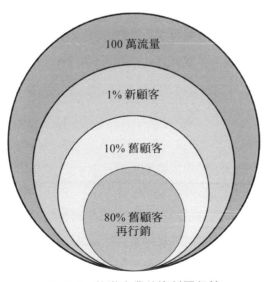

圖 5-3　旅遊產業的資料再行銷

這個資料說明了什麼？說明對老顧客進行再行銷才是旅遊企業發展的重點。老顧客的所有資訊資料、老顧客的相關消費資料，都掌握在旅遊公司的手裡，這些老顧客接下來會有什麼樣的旅遊消費需求或者是潛在需求，旅遊企業都可以利用資料收集分析出來。這樣，當顧客出現需求時，旅遊 App 恰當地向老顧客推薦，這幾乎就是最精準的推薦，不費吹灰之力就可以完成銷售。

而企業如果參加價格戰，得來的新顧客轉換率不高，還需要重新搜集和積累新顧客的資料，其成本會非常高。所以，大數據基礎之上的旅遊再行銷才是企業發展的重心。企業利用資料已經知道了顧客想做什麼、想去哪兒，只要把自己的產品推薦給顧客，一切都會輕鬆完成。

5.3 出行無憂，大數據如何讓都市暢通無阻？

塞車是這幾年都市化發展過程中湧現的突出問題，如北京、上海、廣州這樣的超大都市，都市堵車現象嚴重，人們出行不暢，生活和旅行品質嚴重受損。如何才能解決都市交通壅塞，打造智慧都市，特別是讓旅遊都市能暢行無阻、提升旅行體驗？是政府和企業亟待解決的問題。

隨著這幾年網際網路的快速發展和大數據技術的不斷成熟，人們開始將治理都市壅塞的希望寄託在大數據身上。大數據和網路技術確實也為都市交通的暢通做出了自己的貢獻。

其實，都市壅塞的原因之一是因為政府在都市規劃時不科學和不合理。社會發展速度太快，政府都市規劃的預見性跟不上社會發展的步伐。這導致很多都市剛發展幾年就遇到了交通壅塞的問題。如今，隨著大數據和網路技術的發展，政府也開始使用大數據來進行都市規劃。利用對整個都市各個發展要素資料的分析，政府就能夠預測都市未來哪兒需要拓寬道路、哪兒需要多建停車場、哪兒需要引流等。尤其是如北京、上海這樣的都市裡，政府交通部門每天都會根據各個區域道路情況及時發佈路況資訊，引導車流合理分佈。

上面說的是政府在都市壅塞治理方面運用大數據，對於一些旅遊都市來說，政府還必須利用大數據來對旅遊資源的分佈進行規劃。例如，周邊旅遊比較發達的江浙滬地區，當地要想把旅遊產業發展起來，就必須讓交通暢通並保證車程在 3 小時，否則遊客的旅遊體驗就會大大降低。遇到節假日等旅遊人數較多的時節，政府就要預先利用大數據分析客流量情況，提前安排好公共交通的班次，提前在重要路段安排交通警察等。

大數據對政府來說是規劃和佈局的有力工具，那對於企業來說在保證都市出行無憂的同時如何達成精準行銷呢？

第一，利用大數據預測出行情況，給顧客提供建議方案

企業為顧客的出行提供建議方案，包含以下兩個方面。

一方面是為顧客分析他要去的目的地是否適合旅遊，如果利用大數據分析得出目的地旅遊人數過多，旅遊的體驗和舒適度會下降，那企業就應該告訴顧客實情，並推薦幾個替代方案。這樣做的好處是能夠減弱有些景區人滿為患而有些景區卻人流稀少的狀況，還能為一些小眾旅遊景區引流，達成精準行銷。

另一方面，當顧客已經出行，在去往目的地的路上時，企業可以利用資料追蹤和分析為顧客提供提醒、建議等服務。例如，阿里的去啊 App 在旅客訂票後，會恰如其分地提醒顧客何時該出發、目的地未來天氣會怎樣等。顧客會被這種貼心的服務感動，更加忠實於該產品。這樣，企業在為顧客提供建議方案的同時，其實就在不斷收集顧客資訊，同時也在精準而恰當地向顧客行銷，如旅館、美食等。

百度大數據產品百度預測就已經推出了大數據預測服務，為人們的出行提供建議方案。雖然這樣的預測精準度還不是特別高，但是已經走出了旅遊預測的第一步。在百度預測中我們可以即時地看到全國各都市、各旅遊景點的擁擠程度和舒適度，如圖 5-4 所示。顧客可以根據這個預測思考自己要去哪兒旅遊比較合適。當然，隨著大數據預測技術的進一步發展，人們可以更加精

準地知曉自己某段時間適合去什麼地方旅行、適合購買什麼產品等。企業的行銷人員更是可以將顧客需要的東西及時地推播到顧客面前，滿足顧客的需求。

當然，旅遊產品的推播是一方面。另一方面，圍繞旅遊景區的衣、食、住、行、購物、娛樂等方面都大有文章可做。中國人的旅遊行動軌跡一般是以旅遊景區為原點，方圓多少公里向外擴展。在遊客經過的這些地方，如何才能達成巧妙的行銷置入呢？相信資料同樣可以幫很大的忙。有多少遊客住完旅館會去泡溫泉？有多少遊客逛過故宮會去士林夜市？五星級旅館建在景區的什麼地方最適合？哪些旅遊產品可以作為套裝銷售等，這些都可以利用大數據技術精準篩選。企業如果依靠大數據為遊客們規劃出最適合的購物、旅遊、住宿路線，顧客必然在不知不覺中高興買單。

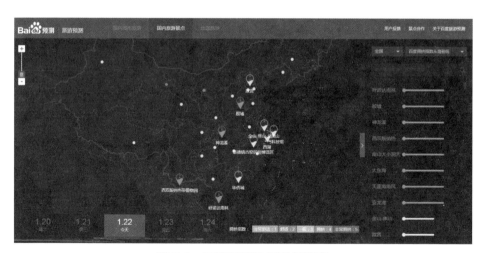

圖 5-4　百度預測的景區舒適度

第二，完善物聯網[1]，達成精準定位行銷

物聯網這幾年的發展速度特別快，尤其是汽車上的導航儀設備等，這幾年呈現出一片欣欣向榮之勢，如圖 5-5 所示。物聯網能夠達成物與物之間的資訊交流與共用，如今流行的 QR 碼又在很大程度上解決了物聯網資訊交流的困難。有了 QR 碼，人們可以利用智慧型手機隨時隨地獲取資訊，分享物體的相關資訊。我們也看到，很多企業已經積極行動，在引人注目的地方留下企業宣傳廣告的 QR 碼，顧客只要拿起手機掃一掃，就可以輕鬆獲取相關廣告訊息。如果這些資訊正是顧客所需要的，那企業的行銷行為就成功了。

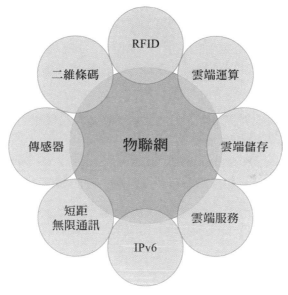

圖 5-5　物聯網

1　物聯網是新一代資訊科技的重要組成部分，也是「資訊化」時代的重要發展階段，其英文名稱是：「Internet of things（簡稱 IOT）」。顧名思義，物聯網就是物物相連的網路。這有兩層意思：其一，物聯網的核心和基礎仍然是網路，是在網路基礎上的延伸和擴展的網路；其二，其使用者端延伸和擴展到了任何物品與物品之間，進行資訊交換和通訊，也就是物物相息。物聯網利用智慧感知、識別技術與普適計算等通訊感知技術，廣泛應用於網路的融合中，也因此被稱為繼電腦、網路之後世界資訊產業發展的第三次浪潮。物聯網是網路的應用拓展，與其說物聯網是網路，不如說物聯網是業務和應用。因此，應用創新是物聯網發展的核心，以使用者體驗為核心的創新 2.0 是物聯網發展的靈魂。

關於物聯網，早在 2005 年，國際電信聯盟就曾經暢想過物聯網時代的美好圖景：當駕駛出現操作失誤時，汽車會自動報警；公事包會提醒主人忘帶了什麼東西；衣服會「告訴」洗衣機對顏色和水溫的要求；當裝載超重時，汽車會告訴你超載了，超載多少，但空間還有剩餘，並告訴你輕重貨怎樣搭配；當搬運人員野蠻裝卸時，貨物包裝可能會大叫「我好痛」，或者「親愛的，請不要太野蠻，可以嗎？」當司機在和別人閒聊，貨車會裝作老闆的聲音怒吼：「笨蛋，專心開車！」

物聯網在我們的生活中應用得非常廣泛，在汽車產業，利用物聯網進行精準行銷的情況比較常見。一些商家會選擇和汽車的導航儀廠家合作，在導航儀中會預先植入旅館位置、景點、停車場、汽車用品店、加油站等信息。當汽車在行走中接近這些預設的地點時，汽車的導航儀就會提醒司機，司機可能會去旅遊和消費，可能會去修車，可能會去加油等。物聯網一方面依賴於網路，所以利用物聯網連接網路，可以給顧客更好的服務體驗；另一方面，物聯網獲取的使用者資料，可以用於大數據分析，進行精準行銷。

總之，不管是政府還是企業，在保證人們出行無憂這個方面，大數據有很大的幫助。對出行的人流和車流進行提前預測，即時監控，就可以給人們提供更好、更舒適的方案建議。而在進行方案建議的同時，也是企業進行產品行銷的絕佳時機。大數據是一個工具，利用這個工具如何達到目的，就需要企業在這個過程中不斷創造和創新，想出更好的辦法達成行銷。

5.4 街景地圖怎樣讓使用者足不出戶遊遍全世界？

很早之前，人們就有這樣的一個夢想，足不出戶就可以遊遍全世界，可以看遍天下美景。此樸素的願望終於在網路時代達成了。很多年前，Google 地圖就推出了實景地圖（或稱街景地圖[2]）。顧客登入 Google 地圖，可以拖曳到世界上的任何一個地方（因為政策原因被禁止查看的除外）查看該地的實景。很多人沒有機會出國或者到其他地方遊玩，可以利用查看 Google 地圖的實景獲得一種滿足。

如今，隨著科學技術的不斷發展，中國已經有很多地圖公司都推出了街景地圖，包括百度地圖、高德地圖、搜搜地圖等。這些街景地圖帶給顧客最大的好處就是，顧客足不出戶也可以逛街；當顧客利用地圖導航無法精準確定方位的時候，可以利用街景地圖確定自己的位置；當然，還可以在複雜的商場裡導航，如前所述。

街景地圖，確實帶給了人們極大的方便，人們利用網路就能夠瞭解世界，欣賞世界美景。對於商家來說，街景地圖能夠帶來什麼樣的行銷便利呢？如圖 5-6 所示。

---

2 街景地圖是一種實景地圖服務。為使用者提供都市、街道或其他環境的 360 度全景圖像，使用者可以利用該服務獲得如臨其境的地圖瀏覽體驗。利用街景，只要坐在電腦前就可以看到街道上的高清景象，是旅遊、開車的好工具，好比人們心中的 GPS。街景地圖使用新的地圖技術，營造新的產品體驗。真正達成了「人視角」的地圖瀏覽體驗，為使用者提供更加真實準確、更富畫面細節的地圖服務。

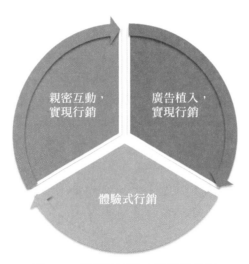

圖 5-6　街景地圖帶來的行銷便利

一、可以達成商家與顧客的親密互動，達成銷售

或許有人會納悶，街景地圖本來就是利用網路進行瀏覽和溝通的，它怎麼增加商家與顧客的互動呢？這個其實並不難，商家只要在街景地圖中引入娛樂性，就可以輕鬆達成互動行銷。在國外，商家透過街景地圖達成與顧客互動的例子比較多，如圖 5-7 所示。

圖 5-7　利用街景地圖行銷

加拿大曾有個汽車租賃公司想擴大自己的知名度，獲得更多顧客的關注，但是普通的宣傳方式效果都不是太好。他們想到了利用 Google 地圖來進行互動行銷。這家汽車租賃公司先是在某個都市放置了幾輛他們公司提供的租賃汽車，然後向顧客發出邀請：哪位顧客可以在 Google 街景地圖上找到他們公司提供的租賃汽車，那這位顧客就可以獲得 100 加元（約合 74 美元）的獎金。

為了擴大影響力，吸引更多人參與到這場活動中，這家租賃公司先是在 Twitter 上發佈了消息，讓眾多粉絲轉發和分享。沒有想到，雖然這次活動獎金並不多，但是顧客的興趣非常濃厚，很快就有大批的顧客參與活動，他們在 Google 街景地圖中仔細尋找帶有這家租賃公司標誌的汽車。最終，有 200 多名顧客成功地在 Google 街景地圖中找到了該租賃公司的汽車，這個活動也引發了更多人的關注。

我們可以看到，這家公司獨出心裁，利用街景地圖行銷的效果非常好。不但營造了一個公司與顧客互動的事件，更是讓顧客參與其中，牢牢地記住了該租賃公司，以後顧客只要有租賃汽車方面的需求，就會想到該租賃公司。這家加拿大的企業給我們的啟示是什麼？

1. 街景地圖並不是一個展示平臺，它也可以是一個互動平臺。商家只要善於利用街景地圖做一些事件行銷、互動行銷活動，就可以收到意想不到的結果。

2. 行銷本身並不枯燥，要善於在行銷中植入娛樂元素。只有具備了娛樂元素，顧客才會有興趣參與進來。

二、推行品牌廣告，達成行銷

街景地圖雖然是虛擬的世界，但它是真實世界的寫照，人們利用地圖軟體查看某地的街景時，就會把自己置身於其中。所以人們在街景地圖中也會有感興趣的商店、廣告等。商家為何不借助顧客的這個特點來展開行銷呢？

早在 2008 年，Google 就申請了在街景地圖中插入廣告的專利。因為 Google 的街景地圖發展得比較早，它的技術相對來說比較完善。Google 在申請這項專利的時候，曾這樣描述他們想在街景地圖中插入硬廣告的系統：這個系統可以在行動顧客端地圖中展示廣告，它能夠清晰地識別街景照片中的樓房、看板及其他標識。如果有人想在 Google 街景地圖中做廣告，那系統可以將街景照片中的內容即時更換為最新的廣告內容。

Google 的這個專利系統還可以識別電影院、餐廳等牆壁上的海報等訊息，當電影院更換了新的海報時，Google 就會以新的內容替換原內容。這樣，任何一個電影院都可以在 Google 街景地圖中發佈自己的最新訊息了。對於顧客來說，當他瀏覽 Google 街景地圖時，就可以獲取最新的海報訊息；當顧客在街景地圖中路過一家餐廳時，就可以看到這家餐廳的功能表，更可以網路下單。

更讓人驚訝的是，Google 的街景地圖還準備設置一些廣告位，拍賣給商家，商家可以在街景廣告中放置連結。這個連結可以轉到商家的銷售頁面上，顧客可以直接網路下單購買。

Google 的此專利確實讓顧客和商家都感到興奮，顧客能夠得到更多的便利，而商家的行銷也會變得更加精準。

三、推行體驗式行銷，精準定位顧客人群

體驗式行銷的好處就是讓顧客置身其中，預先感知，最終形成購買。其實，街景地圖與體驗式行銷天然就具有相通之處。很多商家搞體驗式行銷就是為顧客設置場景，讓顧客體驗真實。地圖軟體的街景功能也是讓顧客感受身臨其境的感覺。

2013 年，北京西城區發佈了第一款文物保護領域的 App。當遊客下載了這款 App「北京文化遺產」後，可以根據 App 內的地圖路線探訪不同的文化景點。當遊客到了某處文化景點處，可以點擊地圖上每個文物保護單位的小

圖示。此時 App 會將詳細的景點介紹、圖片、實景地圖等呈現出來，遊客就可以更清楚地知曉該處景物的歷史了。另外，遊客還可以利用微信曬出自己的遊覽「足跡地圖」，這也增加了互動性。雖然這個 App 不是純粹的街景地圖，但已經朝著這個方向發展了。對景區進行體驗式行銷，這是商家可以參考和學習的。

利用街景地圖達成體驗式行銷，英國國家旅遊局也做過類似的活動。英國國家旅遊局曾和 Google 合作，利用推出了網路虛擬徒步觀光之旅。Google 先是依靠自己的街景地圖將英國大不列顛和北愛爾蘭的諸多城鎮景色拍攝製作下來，當遊客使用 Google 街景地圖的時候，Google 街景就會對相應的街景進行介紹。遊客可以在倫敦、貝爾法斯特和愛丁堡，以及南安普敦、亞伯丁、布里斯托爾和諾里奇等地進行一次虛擬的徒步觀光旅行，瞭解當地的景色與文化。

為了更清晰地指引遊客遊覽，英國國家旅遊局還於 Google 聯手製作了一個名為「Maplet」的視覺指南，專門為遊客介紹倫敦、加的夫、愛丁堡、格拉斯哥、伯明罕、劍橋、里茲和牛津的景點。即使是沒有去過英國的遊客也可以利用街景地圖遊覽英國。

當然，這只是虛擬遊覽。英國國家旅遊局的最終目的是吸引更多的遊客前去英國遊覽。所以在「Maplet」指南中，他們放置了對應的網站連結。當遊客想去遊覽時，可以直接點擊連結，連結中的網站上有 1000 本目的地指南中的部分指南，每一本指南都提供了相關的住宿、購物、餐飲地點、景點、活動等資訊。使用者只要去英國旅行，肯定會從這些指南中獲取相關資訊，這樣商家的行銷就將水到渠成。

利用街景地圖進行體驗式行銷，其實是非常不錯的行銷手段。這幾年很多專門做實景地圖的企業已經慢慢發展起來，相信不久之後，這樣的行銷手段會成為商家樂於使用的行銷手段。

使用者足不出戶就可以遊覽全世界，商家利用街景地圖讓使用者走遍全世界。基於地圖的行銷，商家必然會創造出更多新穎有效的策略，達成精準行銷。

5.5 用無線設備收集景點遊客資訊，精準行銷

我們一直強調利用大數據進行精準行銷，但是大數據到底從何而來，這是需要我們思考的問題。如果只靠單一的管道去獲得資料，那資料分析出來的顧客需求是不全面、不客觀的。顧客是一個活生生的人，他是一個立體的形象，所以分析他的資料也要是多維度的，是從多管道得來的。

除了從網路收集資料外，利用無線設備收集資訊也是一個非常好的辦法。中國人基本上人手一部手機，即使有些顧客拿的並不是智慧型手機，但是只要他攜帶了無線設備，政府和企業就能夠利用無線設備收集資訊。這樣的方式在很多旅遊景區比較常見。

一、收集無線設備資訊，對遊客進行歸類劃分，精準行銷

利用無線設備收集遊人資訊的方式其實並不難，當遊客到了某一景區，他身上的手機自然會有對應的定位資訊，通訊業者都可以及時地知道遊客此時到了哪裡，在哪個地方停留了多久等等。有了這些檢測資訊，旅遊管理部分就可以隨時隨地地改變景區管理措施、改變景區服務方式等。如果遊客過多，景區就會在人流過多的地方專門安排疏導措施。這個功能其實跟百度地圖預測有些相像，不過它更即時、更精準。

利用無線設備瞭解人流佈局情況這只是比較基礎的功能，通訊商還可以利用無線設備的訊號來歸類和劃分遊客。只要比對遊客的帳單地址，就能判斷哪些遊客來自台北、哪位遊客來自花蓮等。利用對遊客來源地的劃分，景區就可以知道該處旅遊景點對哪個地區的遊客更有吸引力？這樣，在進行旅遊宣

傳的時候，旅遊局也就更有針對性。對於客源地多的都市，一些景區的旅遊推廣單位可以加大在該都市的廣告投放力度。

當然，利用無線設備收集資訊也有它的弊端，通訊商只知道遊客來自何方，去往何處，但它並不清楚遊客本身的資訊。遊客的愛好、年齡、職業、人群關係等都無從得知，這就需要利用其他方式去進一步收集。

二、即時預測，適時行銷

利用無線設備收集資訊，然後適時適當地行銷的方式雖然不怎麼流行，但它也不失為一種有效的行銷手段。大家最常見的是當你出國，在國外開啟手機，就會收到外交部的貼心簡訊，告訴你緊急聯絡電話等訊息。時候遊客的手機網路也開著，所以當他利用手機上網的時候，手機上網訊號會根據網路定位自動切換到他所處的地區，而他手機中的軟體自然會悄悄切換到該地區的推播頁面。遊客即使是看新聞，很可能看到的也是他所處當地的新聞。

關於手機簡訊，很多商家還在依賴簡訊進行行銷，這雖然是一種手段，但一定要克制，否則會引起遊客的反感。遊客去某些都市旅遊，一旦接近某個地方，該地區的有些商家就會檢測到遊客的手機訊號，就會推播一條簡訊到遊客的手機。不過，目前這種方式很多商家都在濫用，根本做不到精準行銷。

三、利用 Wi-Fi 來收集無線設備資訊，達成精準推播

如今，不管是你去什麼地方，很多商家都會打出「店內提供免費 Wi-Fi」的招牌來吸引你的注意力。的確，因為手機網路費用、品質的問題，很多顧客都願意選擇使用 Wi-Fi 上網，Wi-Fi 就成為「低頭族」們渴望的神器。殊不知，商家在利用免費 Wi-Fi 招徠顧客的同時，也在不斷累積顧客的上網資訊，利用資料分析對顧客進行精準行銷。

免費 Wi-Fi，這對遊客來說是好事，對商家，尤其是對通訊商來說更是得天獨厚，他們能夠輕鬆地得到遊客的相關資料，根據遊客的資料進行有針對性的推播和行銷。商家起碼可以用三種手段來對遊客進行行銷。

1. 根據遊客位置資料，推播相關的美食、紀念品、旅館等。很多遊客到了某地旅遊，必然要去嘗嘗本地的美食，商家如果結合位置資料，利用微信、App 等招徠遊客，效果必定不錯。

2. 根據對遊客資料的探索，將遊客從新客轉化為熟客。這類方法適合旅館、機票等商家。遊客如果滿意度很高，他會在下次來旅遊時專程前往。

3. 當然還可以讓遊客留下一些記憶，例如，有的商家會讓遊客寫下留言，有的商家直接設置塗鴉牆，讓遊客刻字留念。

四、利用 Wi-Fi 引導遊客網路付費，達成再次行銷

網路付費如今已經非常普及，有了協力廠商支付軟體，顧客可以利用無線設備隨時付費。顧客從購票到預約，再到住宿和出行，統統都不需要現金支付，一個 QR 碼就可以輕鬆搞定。在這個過程中，顧客再次與商家進行了親密接觸。利用 QR 碼支付和檢票的時機，很多商家會推出一些優惠活動，例如，掃描關注他們的官方微信，下載他們的 App，即可獲得小禮物等。一旦顧客成為商家的粉絲，顧客的消費行為就與商家建立連結，商家獲取資料進行精準行銷就變得比較容易了。

縱觀各種各樣圍繞著無線設備行銷的方法，不管是無線設備硬體本身，還是顧客利用軟體（如地圖 App、物聯網等）來規劃自己的出行、完成自己的消費行為，商家都可以抓住其中的任何一個契機進行精準行銷。地圖軟體、物聯網等先進技術在不斷的發展過程中，正一步步地讓我們的生活更加智慧，未來更加美好！

手機定位和地圖技術，讓地球上的每個人都找到了自己的位置。不論我們身處何方，只要還沒有離開地球，我們的手機就能夠準確地給我們在地圖上找

到一個位置。如果說世界是一張無限精細化的網，那每一個人都是這個網上的結點。

有了這樣精準的定位，我們再也不用擔心迷路了，我們可以想走就走了。如果我們暫時沒有條件去地球上的任何一個地點，那街景地圖可以幫助我們，我們足不出戶就可以看遍全世界。

這就是我們所處的時代。

地圖和定位技術在給顧客方便的同時，也給商家的行銷提供了太多便利。在網路這張大網上，商家可以按圖索驥，輕易地找到屬於自己的顧客，也可以輕輕鬆鬆把顧客想要的內容傳遞到顧客的手機裡。地圖與大數據的結合，其威力是無可比擬。不管是顧客的衣食住行，還是商家的行銷推廣，所有這一切，借助於地圖和定位，都會變得更輕鬆。

生活保姆：

零售與大賣場打響
大數據之戰

在家裡，父母親人知道我們所有的愛好和習慣；當我們有需求的時候，他們會默默地滿足我們。而在大賣場裡，商家也開始逐漸瞭解我們；他們利用資料洞悉了我們的一切，甚至，他們比父母親人還瞭解我們。大數據時代，看不見的東西才更有價值，為什麼零售商不琢磨商品，開始琢磨顧客的習慣、愛好了？為什麼你逛超市時，最想要的東西總是一轉身就能發現？這些，都與大數據有關。

6.1 淘寶大數據的精準行銷

淘寶是中國網購的重要平臺之一。在淘寶上，不管是實物、還是虛擬物品，只要是顧客有需求的產品（法律禁止的除外），都可以買到，所以有很多人稱呼淘寶為「萬能的淘寶」。淘寶的「萬能」不僅呈現在它可以為顧客供應種類繁多的商品，更呈現在它掌握了中國很大一部分顧客的消費資料，並能夠利用資料做出相應的預測和精準行銷。

淘寶曾經公佈過一張中國女性內衣的罩杯分佈地圖。地圖上按照從南到北、從西到東的順序顯示，按照不同的省市劃分。在這個排名中，新疆女性的平均胸圍最大，平均在 C 罩杯；四川、重慶等地區的女性身材豐滿，也都在 B 罩杯以上；南方及中部地區的女性，身材雖然較為纖細，但是也都能達到 B 罩杯左右。這樣平均下來，中國女性的平均罩杯是 B 罩杯。而 Google 公佈的世界女性罩杯分佈圖中，亞洲女人都是所謂的可憐的 A 罩杯。那誰的資料更真實呢？當然是淘寶的資料更加精準和真實。中國有很大一部分顧客都有在淘寶購物的體驗，這些顧客分佈在全國各地，就算是淘寶進行抽樣調查，其掌握的樣本資料也絕對比 Google 全面而準確。況且，淘寶是中國顧客消費大數據的擁有者之一，利用大數據分析，淘寶可以輕鬆得出中國各地區顧客的消費偏好。

2014 年，淘寶還推出了中國人口遷徙資料。利用這些資料就可以非常清晰地看到中國哪個都市是用工的熱門都市，哪個都市是某類消費品消費重地，同鄉們都喜歡去哪些都市工作，等等。這些資料不但可以給淘寶的各個賣家提供相關的資料支援，還可以給國家的政策和發展方向提供一定的資料基礎。淘寶的資料如此重要，如果商家，尤其是淘寶的賣家不善加利用，那真是太浪費資源了。

一、全面合理利用淘寶指數，找準自己的市場細分

零售產業的人員流動性大，企業與顧客接觸的時間比較短，很多零售商商家根本無法掌控顧客的任何資料。所以在市場預測和細分的時候，很多商家往

往只能根據自己積累的經驗來大致做判斷，至於實際是不是這樣，商家自己也說不準。

但是在淘寶網上就不一樣了，淘寶很多賣家都非常關注淘寶網推出的淘寶指數[1]。淘寶作為零售和批發的大平臺，每天都有無數筆交易在淘寶平臺上發生，顧客在某段時間、某個細分領域的消費趨勢，淘寶都一清二楚。淘寶在此基礎上推出的淘寶指數就顯得非常實用，淘寶指數可以分析淘寶網中商品的市場走向，可以研究顧客的年齡、地域、消費層級、星座愛好等資料資訊。這些資料資訊正是零售商家需要的，因為商家在做市場細分的時候，這些資料能夠提供很好的資料支援。我們可以從一個具體的例子中看出端倪。

在淘寶指數的市場細分中搜尋「女衛衣」或者「衛衣女」（衛衣即台灣常稱的帽 T、大學 T）這個關鍵字，就會發現顧客在市場細分的各分類下的購買情況是不一樣的。在其他的分類中，顧客購買情況一般，但是在「衛衣／絨衫」這個分類下，有 82.21% 的顧客在搜尋後達成了購買。當然，在「休閒套裝」這個分類下，顧客的搜尋轉換率也非常高。

從此個資料中我們就可以看出，無論是淘寶賣家，還是其他零售產業的商家，在為商品進行分類選擇時一定要準確。市場細分找不準確，顧客就無法快速接觸到相關資訊，購買就更談不上。

如今，中國的電商已經佔據了很大的零售市場，這導致在電商產業商家的競爭也非常激烈。商家如何在激烈的競爭中脫穎而出，這就需要商家利用大數據技術精準行銷，商家應該注意以下兩點。

1. 市場細分。市場細分非常重要，未來在垂直領域市場細分越準確，商家的銷量就越好。如何精準細分市場？除了淘寶指數，百度指數等大數據分析預測指數都要結合起來綜合考量。

---

1 淘寶指數是淘寶官方的免費的資料分享平臺，於 2011 年年底上線，透過它，使用者可以窺探淘寶購物資料，瞭解淘寶購物趨勢。而且產品不僅僅針對淘寶賣家，還包括淘寶買家及廣大的協力廠商使用者。同時承諾將永久免費服務，成為阿里巴巴旗下一強大精準的資料產品。

2. 精準你的搜尋關鍵字。未來的市場是搜尋的市場，為什麼百度等網路
企業極為重視搜尋？因為在搜尋中有巨大的市場。如果商家商品的搜
尋關鍵字足夠精準，那顧客很快就能夠到達商家，完成購買。如果顧
客經過幾次搜尋依然沒有發現該商家，那這個商家就是失敗的。

關於關鍵字，我們在淘寶指數上搜尋「口罩」這個關鍵字，淘寶指數就提供
了精準的市場細分、地域細分、人群細分等資料，如圖 6-1 所示。這對商家
來說，絕對是非常重要的市場指導資料。

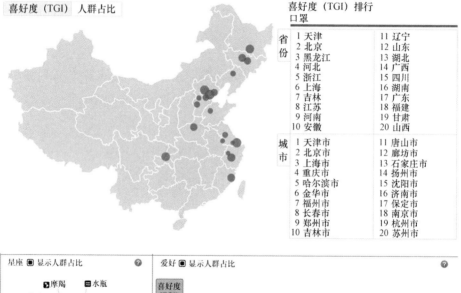

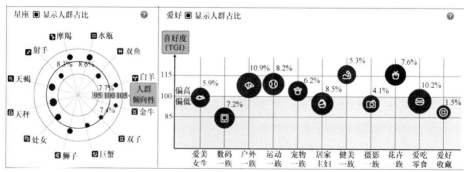

圖 6-1　在淘寶指數上搜尋「口罩」

二、合理利用關鍵字競價排名[2]，提升行銷競爭力

上面我們提到了關鍵字，在網路的精準行銷中，關鍵字非常重要。社會發展越來越快，顧客在網購時的對搜尋瀏覽的要求也越來越高。當顧客輸入一個關鍵字，他只希望在網頁的第一頁，甚至是前三行就看到他所需要的商品（男女顧客有差別，對於女性顧客來說，可能會瀏覽更多，但總體趨勢是只瀏覽排在搜尋頁面前面的商品）。顧客的這項特點，給電商商家也提出了挑戰。百度關鍵字和淘寶關鍵字目前都是競價排名的，商家出價越高，其商品在顧客搜尋時呈現的頻率和名次就越好。但並不是說商家只要抬高出價就可以高枕無憂了，要想兼顧成本和銷量，就必須善於合理利用關鍵字競價，提升自己商品的競爭力，如圖 6-2 所示。

搜尋行銷
透過關鍵字競價，進行商品的精準推廣
優勢：按詞推廣，目標精準

定向推廣
透過定向技術，在特定位置精準展現賣家感興趣的商品
優勢：人群定向，流量更準

店鋪推廣
單品推廣的補充，能滿足推廣店鋪頁面的需求
優勢：推廣多樣商品，創意更靈活

無線行銷
網羅無線平台流量，精準覆蓋日趨碎片化的購物時代賣家人群
優勢：無線時代，精準覆蓋

圖 6-2　關鍵字競價排名的優勢

- 利用競價資料，合理出價。很多商家在做關鍵字競價排名行銷時，往往只知道出最高的價格，卻從來不顧及競價成本與商品利潤的關係。在競

---

2 競價排名的基本特點是按點擊付費，推廣資訊出現在搜尋結果中（一般是靠前的位置），如果沒有被使用者點擊，則不收取推廣費。競價排名按照給企業帶來的潛在顧客訪問數量計費，企業可以靈活控制網路推廣投入，獲得最大回報。

價中，有很多的辦法可以達成雙贏。例如，在淘寶網的流量直通車[3]中去查詢「婚紗禮服」這個關鍵字，就會發現，在淘寶網上，這個關鍵字的競價達到 1.5 元時，商品的呈現數量為 68，其平均的展現量為 237；而當我們將其出價提升到 1.55 元時，我們會驚奇地發現，商品的呈現數量下降到了 47，而平均展現量卻提高到了 943。我們只是略微提價，就使得展現量加倍，競爭力自然大大提升。所以，利用一些競價排名工具，商家可以更合理地控制自己的行銷成本。

- 利用大數據工具，合理確定商品關鍵字，提升競爭力。有這樣一個案例，某商家在天貓上銷售商品，其參與關鍵字競價排名，但是這個關鍵字的出價都比較高，達到了十幾塊錢，這樣算下來非常不划算。但是這個商家發現，他自己在用電腦輸入法打字搜尋這個關鍵字的時候，第一次把這個關鍵字打錯了。他突然想到，自己用輸入法能打錯，顧客為什麼就不會打錯呢？市場上必然有很多的顧客在輸入這個關鍵字的時候，因為打字軟體推薦的問題，都會打錯。他利用大數據軟體進行了查詢，發現確實很多人經常會打錯這個關鍵字。所以他以極低的價格買斷了有可能會打錯的這些關鍵字。結果，正如他所料，商品曝光率特別高，商品也賣得特別好。在電商的精準行銷中，其實很多辦法都是商家想出來的，只要善於動腦筋，精準行銷一定能做得很好。

關於淘寶等電商的大數據行銷，能被商家用來進行精準行銷的辦法其實很多，我們在這裡只是舉例說明了幾個。大數據時代，只有精準而合理地使用資料，使用各種資料工具，商家的商品銷售才能如魚得水，才能真正地走進顧客的心裡，無形當中讓顧客成為商家忠實的顧客。

---

3 淘寶直通車是由淘寶網進行資源整合推出的一種全新的搜尋競價模式。它的競價結果可以在淘寶網（以全新的圖片＋文字的形式顯示）上充分展示。每件商品可以設置 200 個關鍵字，賣家可以針對每個競價詞自由定價，並且可以看到在淘寶網上的排名位置，排名位置可用淘大搜查詢，並按實際被點擊次數付費（每個關鍵字最低出價 0.05 元最高出價是 100 元，每次加價最低為 0.01 元）。

6.2 如何用大數據為顧客開好購物單？

電商搶走了零售業的一部分生意，大賣場自然不會坐以待斃。顧客的一部分消費行為轉移到了網路，但是很多實體的消費行為是無法被替代的。逛街、用餐、試穿衣服、遊樂等消費體驗顧客還是願意到實體去感受。實體的零售商店和大賣場自然要牢牢掌握住顧客的這些需求，為了能夠留住顧客，給顧客更好的消費體驗，很多大賣場也開始關注並使用大數據，甚至利用大數據為每一位前來的顧客開好購物單。顧客在智慧化的大賣場中心滿意足，商家也樂得精準行銷，讓顧客成為自己的忠實顧客。

其實，網路和實體利用大數據精準行銷，其目的都是為了精準地探索顧客的需求，給顧客美好的購物體驗，達成雙贏的局面。只不過，網路和實體的資料收集方式和精準行銷方式略有不同罷了。對於實體的大賣場，如何才能成為顧客貼心的保姆，在顧客光臨時就為顧客開好購物單呢？

第一，利用網路往實體引流，讓手機 App 成為顧客貼心的購物保姆

隨著電商的蓬勃發展，一些大型的零售商場也佈局了電商業務，作為實體零售的補充。例如大型連鎖超市沃爾瑪，除了佈局網路的零售網站外，這幾年也抓緊佈局手機 App。據美國的幾項獨立市場調研結果顯示，到 2016 年行動相關的店內購買量將達到電商銷量的 2 倍。同時，據統計，沃爾瑪的網路網站中有大約 1/3 的流量來源於手機，而在假日時期，這個資料更高，達到了驚人的 40%。這兩個資料證明，手機 App 的引流作用是不可忽視的，顧客已經對手機產生了很高的依賴，大賣場要想把客流量從網路引導到實體，就要把手機 App 作為一個重要的管道。

在此點上，沃爾瑪做得就非常好。據沃爾瑪的資料監測，那些安裝了沃爾瑪 App（圖 6-3）的使用者會以更高的頻率前來光顧沃爾瑪，並且這些顧客來到沃爾瑪後，其停留在沃爾瑪的時間也比那些一般的顧客要多 40%。沃爾瑪的 App 是怎麼吸引顧客前來的呢？如圖 6-4 所示。

圖 6-3　沃爾瑪 App

圖 6-4　沃爾瑪吸引顧客的手段

- 在沃爾瑪的 App 中已經具備了購物單功能，App 利用顧客過往消費的資料及其他管道搜集到的資料，可以自動產生顧客的購物單，提前預判顧客想要購買的商品。

- 為顧客開好購物單還遠遠不夠，沃爾瑪的 App 還能告訴顧客想要的貨品所在的位置，顧客只要根據指示來到貨架旁，就可以輕鬆地獲得自己想要的商品，省去了辛苦找尋的煩惱。

- 為了進一步提升顧客的購物黏性，沃爾瑪還利用 App 給顧客發放一些電子折價券，共顧客結帳使用。

- 去大賣場購物最麻煩的就是排長隊買單。很多顧客本來只想買些小東西，但是看到長長的結算隊伍後就放棄了。為了提升顧客的結算體驗，沃爾瑪還開發了名為「Scan and Go」的系統，顧客使用手機逐一掃描商品，然後在收銀臺上掃描手機即可以完成付款，大大縮短了結帳時間，顧客的購物體驗會有很大的提升。

利用這些方法，沃爾瑪很輕鬆地達成了引流；在這個引流過程中，大數據的作用功不可沒。所以，大賣場未來的發展必須多依賴大數據。未來，顧客進入大賣場時，大賣場已經為顧客列好了購物清單，並指明了貨架，顧客既能享受逛商場的美好體驗，又能輕鬆購物，豈不樂哉！

第二，精準細分消費群體，以定位手段描繪客流軌跡，為顧客開出品牌購物單

這幾年，受電商的衝擊，很多大型購物商場、中心、賣場都不同程度地出現了客流減少的情況。不過客流減少並不是說大賣場就失去了市場空間，畢竟此類的消費體驗是電商無法取代的，況且一些知名賣場早已開始利用大數據分析來細分市場，達成轉型，如圖 6-5 所示。

大悅城就是一個很好的例子，大悅城的人群定位是 18 ～ 35 歲的年輕時尚中產階級，它如今已成為年輕時尚人群購物消費的重要場所。這幾年隨著顧客消費行為的變化，大悅城也調整了自己的市場定位，開始著手將商場內的品牌朝更精細化的方向打造，致力於為顧客打造品牌購物單。具體方法有以下幾種：

1. 既然人群定位為年輕時尚的中產階級，大悅城自然要在品牌和體驗方面努力。大悅城要求品牌企業在大悅城內開設的最好是旗艦店，強調唯一性和規模化；還積極引進舞台劇、音樂劇等文化內容。大悅城最終的目的是打造出一種生活業態。

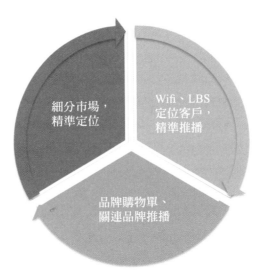

圖 6-5　以定位手段精準細分消費群體

2. 既然有了清楚的市場定位，那能不能得到顧客的認可還需要資料來做證明。大悅城成立了顧客實驗室，開始利用各種手段記錄和搜集顧客的資料資訊。在北京的西單大悅城，顧客進入商場就可以連上商場內的 Wi-Fi，這個時候，大悅城根據 Wi-Fi 連線的情況就可以描繪出客流軌跡。哪個專櫃前客流量大、人群停留時間長？顧客在去了某個專櫃後會再去哪個專櫃等。為了進一步分析顧客的位置資料，大悅城還著手使用 LBS 技術[4]對顧客進行定位。

3. 根據分析顧客資料，即時推播折扣、新品資訊，引流消費人群。大悅城在檢測和分析資料之後，會根據不同顧客推播不同的資訊，類似於為顧客開購物單。當顧客駐足於某品牌店時，大悅城會推播相關品牌的折扣和新品資訊，當然還會適當推播關聯品牌的資訊。此點，不單是大悅城，在蘇州新成立的中國首家智慧零售大數據體驗中心也有應

---

4 位置服務（Location Based Services，LBS）又稱定位服務，LBS 是由行動通訊網路和衛星定位系統結合在一起提供的一種增值業務，利用一組定位技術獲得行動終端的位置資料（如經緯度座標資料），提供給行動使用者本人或他人以及通訊系統，達成各種與位置相關的業務。實質上是一種概念較為寬泛的與空間位置有關的新型服務業務。

用。當顧客置身於蘇州的零售大數據中心，走近螢幕，顧客感興趣的品牌優惠訊息立刻就能顯現出來；顧客在購物中心買進口牛排，還能收到「附近有賣哪些紅酒」的推薦資訊。在蘇州的這個體驗中心，還安裝了商場定位器，此技術能夠即時記錄顧客的資訊，包括進店時間、停留時間、在具體區域停留時間、對哪些商品有興趣，等等。當顧客光顧該中心達到一定次數後，顧客還沒有進店時，商家就已經知道了這個顧客的資訊，知道他是誰，他可能會來買什麼等。

如果商家能夠做到這樣，那顧客的購物體驗將大大提升，而商家的精準行銷也必將輕而易舉。

除了上面我們所舉的沃爾瑪和大悅城，還有些商家利用收集其停車場的資料來對顧客進行精準行銷，也是對大數據的極佳利用。顧客的車在停車場停留的時間越長，消費越多，商場就會根據顧客的消費資訊，對停車等提供優惠，吸引顧客停留更長時間。總之，用大數據為顧客開購物單的嘗試已經轟轟烈烈開始了，賣場在認識到大數據的價值後，能夠積極採取行動，這對顧客和大賣場來說都是雙贏的局面。

6.3　用資料決策商品搭配銷售

我們都知道，顧客逛商場購物時，如果沒有一個明確的購物清單，購買商品就有一種盲目性和隨機性。看到自己喜歡的東西，不管需要不需要，都有可能買下來。這樣的情況在女性顧客的身上呈現得比較明顯。利用顧客的這個特點，商場人員在擺放貨物的時候，就會有意識地將某些商品擺放在相鄰的地方，這些顧客在購買完這個商品後還可能再購買另外一個商品。尤其是大型賣場裡面，入口處和出口處的貨物擺放都有一定的規律，和顧客視線同高的貨架位置一般是顧客最容易注意的，所以在這裡擺放的商品，上架費通常都比較高。這些都是賣場在零售經驗中總結出來的。但是如果具體到數字，哪些商品之間的購買關聯度比較高？哪些商品利用折扣賣比較好銷售，等等，這些問題靠零售經驗是不好解決的。而有了大數據，這一切似乎就變得明朗起來。

我們先看一個行銷課上經常講的故事。

沃爾瑪有一家分店的行銷經理在偶然的貨物資料統計中發現，他所負責的商場裡出現了一個奇怪的現象：每當到了週末，商場裡的啤酒和紙尿褲的銷量就會增長，並且增長比例非常一致。這是為什麼呢？難道這兩者有聯繫？

這位行銷經理為了弄清楚這個問題，就安排了專人在週末觀察啤酒和紙尿褲的銷售情況。觀察之後，他們發現，原來來沃爾瑪購買紙尿褲的男性顧客都會順便去買幾罐啤酒。這些男性顧客的年齡一般集中在 25 ～ 35 歲。

原來，這些男性顧客在週末時，都會因為其夫人的指示而去沃爾瑪買孩子的紙尿褲。而每個週末正是美國體育比賽的高峰期，男性顧客都會在回家看比賽時喝啤酒，所以會順道去買啤酒。

沃爾瑪的這位行銷經理發現此現象後突然想到，原來顧客在購買商品時，會因為某些因素的影響，而讓一些看似無關的商品產生關聯。那為了提升商品的銷量，為什麼不把紙尿褲和啤酒放在同一個區域內呢？很快，這位行銷經

理就這樣做了，還把一些下酒菜也放在了這個區域。結果，一個小小的調整，就讓這個沃爾瑪分店的年營業額增加了幾百萬美元。

這個故事雖然早已不新鮮，但是蘊含在故事背後的道理卻是日久彌新的。尤其在大數據時代，這個故事簡直就是大數據幫助賣場精準行銷的最好例子之一。故事中的行銷經理是專門安排人員去觀察才得出了這個結論，可大賣場中那麼多的商品，不可能都安排專人去觀察，怎麼辦呢？利用大數據！大數據時代，只要大賣場能夠記錄足夠的顧客消費資訊，大數據技術就能夠準確地為大賣場提供商品關聯銷售方案，就能指導大賣場如何精準行銷，如圖6-6所示。

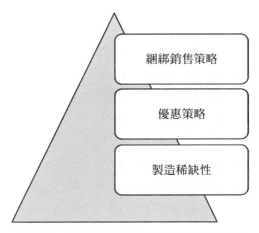

圖 6-6　利用大數據指導大賣場精準行銷

第一，利用資料分析尋找關聯產品，並採取捆綁銷售策略提升銷量

不管是電商還是實體大賣場，把關聯產品進行捆綁銷售是一個常用的手段。但問題是，如何才能找到關聯產品？什麼樣的產品之間關聯性最強？這自然就需要大數據的支援。很多商家喜歡從自己的角度出發，認為洗髮精和沐浴乳是一類的，其關聯度高，可以捆綁在一起零售。但事實真的不是這樣，依靠經驗誰也說不清。但如果有了大數據分析的支援，這兩種商品是不是適合綁定在一起就可以有明確的結論了。在綁定的過程中，商家要注意以下兩點：

- 綁定銷售的商品中其中某一樣主打商品必須是顧客最需要的。在資料分析的過程中一定要注意以主打商品為中心，不能只注重關聯關係，否則會出現捆綁在一起的商品顧客都不必需，進而導致銷售不暢的局面。

- 捆綁在一起的商品必須是利潤品＋非利潤品。這個角度是從商家來說的，商家將商品捆綁銷售，目的是為了增加銷量，更重要的是增加利潤。如果捆綁在一起的商品都是非利潤品，那即使銷量增長了，對商家來說意義也不大。有時候會出現關聯商品銷量下降，但是總體營業額卻增長的情況，這是因為顧客購買高價商品的比例增長了，商家要注意區分。

第二，利用資料分析顧客心理，採取「買就送」、「滿就送」等優惠策略提升銷量

採用優惠策略促進銷量的情況在傳統的零售業中也很常見，但是其優惠策略大都是依靠商家的經驗來定的。如今，不管是電商還是實體零售業，都可以利用資料分析來制訂優惠策略。

例如，有的商家在分析顧客資料的過程中發現，防油煙口罩和面膜有某種關聯性。但是如果將這兩種商品捆綁起來銷售，其銷量又不理想。這是為什麼呢？因為使用防油煙口罩的大多是女性顧客，她們做飯時怕油煙所以會戴口罩，吃完飯有的女性顧客怕油煙傷害皮膚，就會做一次面膜護理皮膚。但當女性顧客去購買防油煙口罩時，看到捆綁銷售面膜，第一時間不會想到使用完口罩後會使用面膜，所以心裡有排斥感。於是商家改變了策略，變為買防油煙口罩送面膜。因為面膜是送的，顧客都有一種佔便宜的心理，所以會主動選擇。當然，這個策略中，如何平衡利潤需要商家自己琢磨。贈送的面膜成本從何處抵消，這需要商家根據情況來定。

在這個優惠策略的過程中，商家同樣需要注意這樣幾個問題。

1. 優惠策略中的主打商品可以是顧客可要可不要的，這樣利用優惠策略就能吸引顧客做出購買決定。如果主打商品是顧客必需的，有沒有「滿就送」或「買就送」優惠，對顧客影響不大。

2. 「滿就送」或「買就送」的贈品，一定不能是價值不大的雞肋產品，也不能是與主打產品毫無關聯性的商品。有的商家因為策略不得當，不能很好平衡贈品的成本，為了降低成本，往往贈送一些毫無價值和意義的產品，這樣不但不能促進銷量，還會降低顧客的購物體驗。

第三，分析顧客的從眾心理，做飢餓行銷，如規劃「限時打折」策略

此策略在零售商家中常見，電商平臺也經常使用。顧客都有從眾心理，看到別人都買了，也會跟著買；看到限時打折就怕錯過機會，趕緊購買。但對於商家來說，哪些商品適合採取此策略？哪些商品適合在哪段時間採取此策略？這是未知的。利用資料分析，商家可以輕鬆瞭解這些資訊。此策略具體如何使用，商家可以根據自己的情況隨時調整，這裡就不再贅述了。

商品的搭配銷售策略並不是新鮮的話題，但是如何利用大數據精準地分析顧客心理、如何精確調整策略，這是商家需要不斷探索的。

6.4 抓住「關鍵時刻」，精準行銷

隨著網路的進一步發展，顧客獲取資訊的管道越來越多元化，他們再也不像過去那樣，被動地接受資訊灌輸，而是主動地根據自己的喜好來接受資訊、選擇品牌。這就給商家的行銷帶來了極大的挑戰。過去商家在行銷方面一直佔據著主動權，而如今商家的行銷手段似乎已經開始失效。那麼，面對變化莫測的市場，商家該如何與顧客建立一種良好的訊息溝通管道，達成行銷呢？

一方面，商家應該在行銷中轉變自身角色定位，變推銷者為傾聽者和需求滿足者。在市場行銷中，顧客擁有絕對的主動權，他們不再被動地接受資訊，他們需要商家傾聽他們的需求，回應他們的需求。關於此點，我們在前面已經詳細地談到，這兒就不再贅述。

另一方面，顧客不論從什麼管道獲取資訊，其目的都是為了達成消費行為。而在他們做出決定、下單購買的那個時刻，就決定著商家行銷的成敗與否。這個時刻對商家來說極為重要，我們稱這個時刻為「關鍵時刻」。

「關鍵時刻」這個概念很早就有人提出，在網路和大數據時代，「關鍵時刻」顯得越來越重要，因為它成為了考量商家行銷成果的重要標準。那什麼是「關鍵時刻」呢？通俗地說，就是商家能在對的時機，選擇合適的媒體管道，把商品的資訊傳遞給正好有此需求的顧客。這其中的時機、管道、需求滿足三個要素構成了行銷的「關鍵時刻」。那麼商家在行銷的時候，就應當在發現顧客需求時，恰當合適地把能滿足顧客需求的產品資訊傳遞給顧客，促成購買。

在闡述「關鍵行銷」方面，世界級行銷大師、世界整合行銷之父唐·舒爾茨（Don E.Schultz）[5]有很深刻的研究。針對大數據時代的「關鍵時刻」行銷，唐·舒爾茨提出了他的「SIVA 範式」，恰當而準確地闡述了「關鍵時刻」行銷。在唐·舒爾茨的理論中，「SIVA 範式」具體如圖 6-7 所示。

圖 6-7　SIVA 範式

S 解決方案（solution）：行銷組織必須為顧客提供解決方案，解決他們所面臨的問題或滿足他們的需求；

I 信息（information）：行銷組織必須為顧客提供他們需要的資訊，方便他們瞭解和評估其提出的解決方案；

V 價值（value）：行銷組織必須提供價值，以滿足顧客的需求，必須保證顧客為獲得解決方案而支付的成本與解決方案提供的價值相符；

A 途徑（access）：行銷組織必須為顧客提供方便快捷的途徑，使其獲取解決方案，而獲取的方式應當以顧客所期望的方式為準，而不是單單將解決方案推銷出去。[6]

5　唐·舒爾茨為美國西北大學整合行銷傳播教授，整合行銷傳播理論的開創者。Agora 諮詢集團總裁，TAGETBASE 行銷公司和 TARGETBASE 行銷協會的高級合夥人，直效行銷雜誌的前任編輯，美國國家廣告研究基金會整合行銷傳播委員會的聯合主席，還被直效行銷教育基金會推選為第一個 "年度直效行銷教育家"，具有豐富的世界財富 500 強企業諮詢經歷，同時為多家著名大學的客座教授，著有《全球整合行銷傳播》。

6　（美）唐·舒爾茨著 .SIVA 範式：搜尋引擎觸發的行銷革命 . 李叢杉譯 . 北京：中信出版社 .2014.1

從唐‧舒爾茨的理論中，我們可以明確地看到，商家在行銷過程中，只有始終圍繞顧客的需求，利用為顧客提供有價值的資訊，獲得顧客的注意力，才能在成交的「關鍵時刻」促成交易，贏得顧客。商家也只有牢牢抓住「SIVA」四個關鍵的要素，才能在大數據時代生存和發展下去。關於唐‧舒爾茨的「SIVA 範式」不再贅述，要瞭解其詳細內容，可以參考原著。

那麼，拋開理論本身，普通的商家在行銷的「關鍵時刻」應該採取一些什麼樣的行動呢？

第一，時刻記得在顧客有消費需求的時候抓住他的興趣

有的小商家利用自己的經驗能夠判斷顧客的一些需求，利用提供自己的商品資訊來滿足顧客的需求。但是更多的商家對顧客的需求無能為力，因為他們根本不瞭解顧客。瞭解顧客的消費需求可以採用各種各樣的手段，大數據分析就是當下最好的一種，但是商家一定要注意顧客有需求的那個時刻，精準地抓住其需求。錯過了這個時刻，或許顧客的注意力就轉移了。

第二，商家在提供商品資訊的時候，一定要提供那些符合顧客興趣、貼合顧客生活、對顧客來說有價值的內容

這個時刻其實是商家與顧客溝通的關鍵時刻，如果商家提供的資訊無法滿足顧客溝通的需求，那顧客的關注度就會降低，失去興趣。

第三，提供恰當適合的商品，並提供最簡單方便的支付方式

在顧客沒有做出購買決定的時候，其購買意願往往有一定的動搖。這個時候商家一定要利用各種方式來給顧客以信心，如商品的品牌知名度、支付方式的快捷安全等。

第四，後續服務和再行銷

在顧客決定購買時，商家的「關鍵時刻」行銷已經成功了大半，但是這個時候千萬不要掉以輕心。這個時候如果顧客出現不滿意情緒，不但會讓此次行

銷成為泡影，還會影響商家的再行銷。商家可以與顧客保持良好溝通，利用各種方式鼓勵顧客分享購物體驗，使之主動成為商家的口碑傳播者。

「關鍵時刻」行銷，是行銷學中的重要課題，在網路和大數據時代，其地位進一步提升。企業要想做好大數據行銷，就要不斷學習「關鍵時刻」行銷，領會其精髓，這樣企業的行銷才能如虎添翼。

6.5 劃分顧客類別，讓行銷進入顧客的心

不管怎麼說，商家要想成為顧客最貼心的保姆，就得走進顧客的內心，成為顧客的朋友。而要想成為顧客的朋友，商家就必須全方位、多角度去瞭解顧客，針對不同喜好、特點的顧客制定不同的應對策略。那商家如何才能制定出貼身的應對策略呢？

根據顧客資料對顧客進行類別劃分，是商家制定應對策略必不可少的措施。在行銷領域，對顧客進行類別劃分，這是大家慣用的手段。當顧客成為商家的顧客，商家就會大致記錄顧客的特徵和愛好，以便於下次與顧客溝通時能夠找到合適的溝通方式。但對於零售產業來說，顧客的流動性大，往往無法準確記錄顧客資訊，導致顧客不管光顧多少次，他每次來這個零售店都是新「顧客」，銷售員依然對顧客不瞭解，依然把他當成是新顧客對待。

正是因為這樣，顧客對零售商店的認同感和忠誠度就沒有那麼強。他可以隨時選擇去這家，或者去那家。但如今，大數據技術發展得蓬勃旺盛，零售產業也累計了足夠的使用者資料，當顧客光顧的時候，一些商家能夠準確識別顧客了。這個改變，正是零售產業未來發展的趨勢。就如我們在前言裡面提到的那個故事，零售店的櫃台在接到顧客電話的時候，就能立刻像熟人或朋友一樣與顧客聊天，並給顧客足夠溫馨的提醒和建議。

那麼，商家在累計顧客資料的過程中，怎樣去精準劃分顧客類別，為下次的行銷做好充足的準備呢？

第一，根據顧客的「優劣」和特性，劃分顧客類別，進而制訂不同策略

在這裡我們所說的顧客「優劣」並不是針對顧客本身而言。顧客人格的好壞，商家沒有資格去評判，但是商家可以根據顧客的相關資料分析與顧客交易時的難易程度，區別顧客。在任何商業活動中，商家與顧客的成交總是有難有易的。有的顧客成交很痛快，但有的顧客要達成交易，必須得耗費商家足夠的時間和精力。所以，根據顧客的這些特性，商家在收集資料的時候要善於分類。一般商家在分類時，會將顧客分為圖 6-8 中的四類。

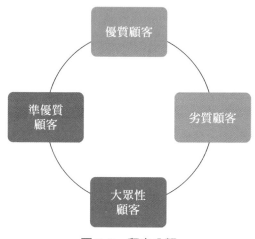

圖 6-8　顧客分類

這樣的顧客分類雖然比較常見，但是對商家來說非常管用。因為有了這樣一個大致的分類後，商家積累資料、分析資料、制訂策略等就有了基礎和方向。例如，優質顧客熱情、善良、善於接受新事物，對商家沒有很重的防範心理。這樣的顧客成交快，忠誠度比較高，再行銷的成交率也比較高。商家在積累資料的時候，就要善於積累此類顧客的資料，並進行深挖，分析其行為相關性，甚至可以探索到與之交往的其他顧客。

那面對優質顧客時，商家該採取什麼樣的策略呢？當然是根據顧客的特性，適當地順應顧客當時的心理，用積極樂觀的服務方式讓顧客體驗到親切和愉悅。還要善於向這類顧客展示商品的優越性，讓他（她）得到心理上的滿

足。這樣，他（她）感受到商家的親切和體貼後，自然就會像朋友一樣相信商家。

其他類別顧客的特點和應對策略，我們就不一一贅述。對商家來說，重要的是根據這樣的顧客類別去收集和分析資料，有了這個做基礎，後面的應對策略水到渠成。

第二，根據顧客的年齡段進行類別劃分，進而規劃行銷策略

顧客群體的劃分有不同的標準，在不同的標準之下，顧客的消費行為和消費趨勢是不一樣的，這也就導致商家在進行資料分析和規劃行銷策略的時候，就必須有很強的針對性。例如，商家可以將顧客分為年輕消費群體、中年消費群體、老年消費群體。當然，這樣的劃分比較粗糙，可能適合那些比較大眾化的產品商家，因為他們的產品本身就沒有非常明確的市場細分，可能只是對中年群體的顧客有吸引力。那麼，這樣的商家可以在粗分顧客的基礎上，再根據產品特性區分更細緻的顧客。

但是，有些商家在定位市場時，本來就已經定位的是非常小的細分市場，那進行顧客類別劃分的時候，可以根據顧客的具體年齡再進行細分。例如，20 ～ 25 歲的顧客是什麼特點？ 25 ～ 30 歲的顧客有什麼特點？他們和20 ～ 25 歲的顧客有哪些消費方面的異同？等等。這樣根據年齡的細分，就可以幫助商家更精準地分析顧客。

當然，還可以在年齡細分的基礎上，再進行性別的細分。男女顧客的消費特點是迥然不同的，深度的細分自然能夠讓商家找到更精準的應對策略。

第三，根據顧客的消費行為資訊進行類別劃分

如今很多零售商店在顧客支付的時候，都會建議顧客刷卡消費，或者是利用支付寶、微信支付等付款。在支付的這個過程中，顧客有許多資訊可能會進入到商家的資料庫中。如姓名、聯絡方式、信用卡類別，甚至社交帳號等，都可能留給商家。商家利用這些資料可以做以下的事情。

1. 進行關聯分析。顧客喜歡哪些特色或分類的商品？顧客習慣於什麼時候購物？某段時間顧客對哪類產品的需求比較大？等等。關聯分析可以讓商家在合適的時候積極推薦合適的產品給顧客，也可以順利地將新顧客轉化為老顧客。

2. 預測趨勢和行為。顧客的消費行為資料中隱藏著顧客的愛好、習慣、社會地位、消費方式等。利用資料分析，商家就能夠預測顧客未來的需求和行為，進行相應的精準行銷。

顧客類別的劃分，還有很多種劃分方式和標準。但是不論什麼樣的標準和方式，其最終的目的都是為了讓商家更加瞭解顧客，走進顧客的內心，成為顧客的朋友。生活消費，是最普遍、最基礎的消費，但也是最難以把握的消費。商家要想讓顧客成為忠實的粉絲，就必須和顧客成為朋友，像保姆一樣瞭解顧客。未來，一切的主動權都掌握在顧客手中，商家唯有不斷瞭解和研究顧客，才能贏得更多的生存和發展機會。

零售與大賣場，是與顧客接觸最緊密的產業。顧客的衣食住行需求，大多數都與零售和大賣場有密切的關聯。但是，傳統的大賣場並沒有想到有一天，顧客也會遠離他們而去。以往那種粗放的、只靠經驗的零售模式，已經沒有了市場和退路。

為了生存和發展，傳統的零售和大賣場必須改變自己的模式，融入大數據時代的浪潮當中。精準行銷將成為大賣場和零售產業適應時代最有力的武器。利用對顧客資料的積累和分析，利用資訊預測和推播，商家會成為顧客最貼心的生活保姆。

大數據技術讓商家可以全方位地瞭解顧客的需求，進而利用對顧客的歸類劃分、分群分析，為顧客開出貼身的購物單。顧客的需求與購物體驗，都可以在商家的多樣化服務中得以滿足。

我們可以預見在不遠的未來，我們的生活會變得更加智慧，商家猶如我們的家人一般，呵護我們的生活，關心我們的飲食起居，一切都會變得更美好！

影音萬能：

依據使用者的喜好
創作影音

在需求決定生產的今天，影音作品的發展局面也急遽改變。那些
不符合顧客口味的影音作品已經沒有了生存空間，即使是大牌的
導演，也得乖乖滿足顧客的需求。為什麼有的影音作品一面世就
廣受好評，而有的影音作品卻無人問津，這其中隱藏的使用者喜
好資料值得每一位從業者深思。

7.1　搜尋引擎知道電影的票房

對於影音產業的從業者來說，電影票房在很大程度上是衡量他們作品好壞的首要標準。沒有好的票房，電影拍攝只會入不敷出，無以立足。但是，在電影拍攝前，誰也無法預測這部電影的票房。即使是電影的投資人，也無法提前預知電影的市場狀況。此困局一直困擾著電影產業的從業者。不過，在大數據技術取得巨大進步後，無法預知電影票房的局面得到了改觀。根據大數據分析和預測，我們可以比較精準地提前知曉電影的市場反應了。

早在 2013 年，Google 就公佈了一項重要的研究成果—電影票房預測模型。根據此模型，Google 能夠提前一個月預測電影上映首週的票房收入，其準確度高達 94%。作為搜尋產業內的巨頭，Google 掌握著豐富的使用者資料，在長期的資料分析中，Google 發現使用者在搜尋引擎中的關鍵字搜尋量與電影的票房有著很強的關聯性，如圖 7-1 所示。那麼這種關聯性的背後，到底是哪些因素在左右著資料的變化呢？

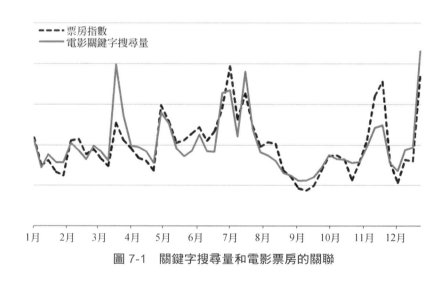

圖 7-1　關鍵字搜尋量和電影票房的關聯

Google 選取了諸多指標，經過一一探索，最終鎖定了能夠準確衡量電影票房的三大指標：電影預告片的搜尋量、同系列電影前幾部的票房表現、檔期的季節性特徵。正是這三大指標構成了 Google 的電影票房預測模型。當然，三大指標內部還詳細分了若干分指標，我們暫不一一贅述。

當 Google 得到一部電影的相關指標後，會根據這些指標建構一個線性迴歸模型（linear regression model）[1]，預測這些指標與票房收入的關係。根據 Google 曾經做過的一些預測可以明顯地看出，Google 對電影票房的預測與實際票房結果非常接近，這就是大數據的魅力。

在 Google 推出電影票房預測模型後，中國的搜尋引擎巨頭百度也推出了屬於自己的電影票房預測成果，如圖 7-2 所示。相信隨著大數據技術的不斷進步，電影的票房預測將會越來越成熟，電影在拍攝和行銷時的手法也將更加精準，而顧客的需求也會在最大程度上得以滿足。

圖 7-2 百度電影票房預測

---

1 線性迴歸是利用數理統計中的迴歸分析，來確定兩種或兩種以上變數間相互依賴的定量關係的一種統計分析方法，運用十分廣泛。分析按照引數和因變數之間的關係類型，可分為線性迴歸分析和非線性迴歸分析。

電影票房預測確實給電影拍攝帶來了極好的方向和決策指導，大數據分析也將電影產業從業者的模糊經驗轉化為科學、精準的資料。那麼，在未來的電影拍攝中，我們可以採取什麼樣的措施，讓資料更妥善引導電影拍攝呢？

第一，在電影開拍前根據相關資料分析預測趨勢，制訂符合市場需求的電影拍攝決策

一部電影的誕生，並不只是由導演、演員決定的，市場流行要素、主流文化、顧客需求等對電影的產生有著潛移默化的影響。要想拍出一部票房很不錯的電影，就必須在各個方面融入相關要素，這樣才能得到顧客青睞。2014年，由演員黃渤參演的多部電影都取得了不錯的票房成績，黃渤成為顧客非常喜歡的演員。我們在百度指數[2]搜尋「黃渤」這個關鍵字，就可以看到與之相關的各個要素，如圖 7-3 所示。不論是熱點趨勢，還是需求分佈資料，都能夠為電影產業從業者提供一定的資料支援。如果導演在拍攝某個題材前積極分析相關資料，發現黃渤符合該題材的需求，導演就會積極邀請其拍攝，最終的票房一定不俗。

第二，利用搜尋引擎把握使用者需求，根據使用者群體精準行銷

在過去，使用者的需求往往是不可琢磨的，但是如今使用者的需求會利用搜尋引擎清晰地表現出來。拿去年當紅的《小時代》來說，其在上映前主創團隊就利用搜尋引擎資料精準分析了消費群體，在電影放映後，實際的結果跟預測結果也非常接近。在《小時代》上映前，主創團隊注意到關於這部電影的關鍵字搜尋非常活躍，不管是微博搜尋還是百度搜尋。根據這些搜尋資料，他們斷定這部電影的觀眾有 40% 是高中生，30% 是白領，20% 是大學

2　百度指數是以百度巨量使用行為資料為基礎的資料分享平臺，是當前網路乃至整個資料時代最重要的統計分析平臺之一，自發佈之日便成為眾多企業行銷決策的重要依據。百度指數能夠告訴使用者：某個關鍵字在百度的搜尋規模有多大，一段時間內的漲跌態勢以及相關的新聞輿論變化，關注這些詞的網路使用者是哪類人？分佈在哪裡？同時還搜了哪些相關的詞？ 明使用者優化數字行銷活動方案。

生，剩餘的 10% 則是 26 ～ 35 歲的人群。根據此預測，他們進行了精準的
行銷。事實證明，他們基於大數據分析的預測和行銷策略是非常正確的。

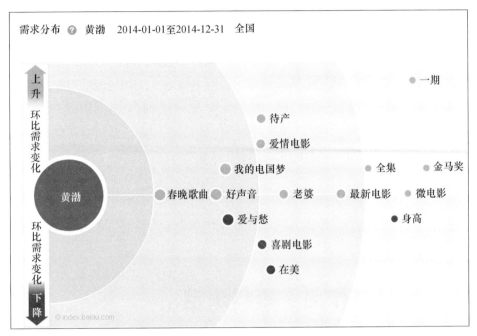

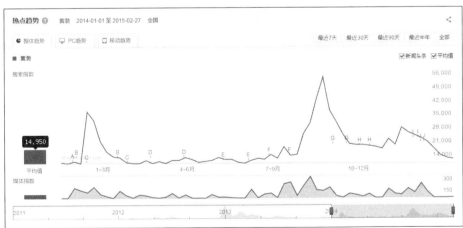

圖 7-3　用百度指數搜尋「黃渤」

第三，結合產業經驗，發現有價值的規律，指導電影產業健康發展

隨著網路的進一步發展，我們這個時代擁有的資料將會越來越龐大。大數據技術雖然給我們帶來了極大的便利，但並不是說大數據技術就是萬能的。要想利用好大數據，我們還得根據產業經驗來甄別和選擇大數據，在資料中發現有價值的規律。首先，產業從業者一定要對大數據分析有正確的認識，能看到大數據分析的本質，能夠善於探索使用者需求。不管是搜尋引擎還是社交媒體，其資料都是有一定規律可循的，業者一定要有自己的敏感，要善於選擇最有價值的資料。其次，資料不是萬能的，在用資料分析探索需求的時候，一定要符合產業從業者的產業經驗，不能唯資料是從。

不管怎麼說，大數據分析對電影、電視劇的拍攝和行銷已經產生了深刻的影響。產業從業者要想獲得顧客的青睞，贏得漂亮的票房，就得善於在電影拍攝過程中運用資料分析。

7.2 拍什麼作品，資料決定

我們在第二章提到了收視率極高的電視劇《紙牌屋》。《紙牌屋》的流行非常清晰地證明了大數據對電影、電視拍攝的影響力。導演們根據大數據分析可以預測什麼樣的電影會令顧客喜歡，可以預測某個題材的電影會有哪些觀眾，規劃合適的行銷策略。甚至，導演會根據顧客的喜好資料來更改電影拍攝過程中的具體場景、情節和演員等。

那麼，具體來說，大數據分析會影響電影、電視拍攝過程中的哪些因素呢？

第一，影響電影、電視題材的選擇

去年，美國好萊塢掀起了一場宗教電影的熱潮，多部電影獲得了非常不錯的成績，其中《諾亞方舟》票房為 1.01 億美元，《看見天堂》為 9100 萬美元，《上帝未死》和《上帝之子》票房均為 6000 萬美元左右。雖然同期上映的其他一些宗教題材電影的票房並不佳，但經過大數據分析，我們會發現宗教

類電影在美國有著非常大的市場，顧客對這類題材的電影有濃厚的興趣，這從那些票房不菲的電影中就可以看出來。所以，某個時期顧客對某類電影、電視的消費具有一定的共性，例如，經濟不佳時人們對娛樂、休閒類的題材感興趣，而春節的時候人們對情感類的題材感興趣等。只要善於利用資料對未來的市場進行預測，相信在電影拍攝時，選材就會變得相對容易。當然，在選材的過程中，導演必然會綜合各種要素，包括藝術創作因素。但總體來說，資料分析是不可或缺的一部分，如圖 7-4 所示。

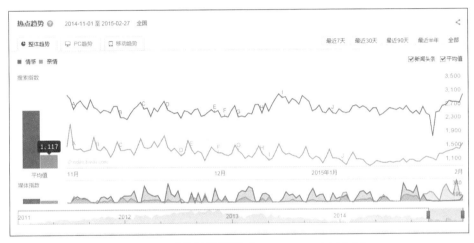

圖 7-4　全國熱點趨勢圖（2014.11 ～ 2015.2）

第二，影響演員的選擇

一部電影能不能獲得非常好的口碑，能不能贏得高票房，除了題材因素外，演員也是一個極為重要的因素。對於導演來說，在挑選演員時，如何才能挑到最合適的演員呢？大數據分析可以助導演一臂之力。姚晨是中國有名的演員，一度被稱為微博女王。她參與的每一部電影、電視劇都非常賣座，票房和收視率都很高。那是不是導演只要邀請到了姚晨就可以贏得高票房呢？大數據告訴我們，並非如此。

根據百度司南[3]的資料分析，我們發現，網友對姚晨的個性描述中，「責任感」、「國際化」、「勤奮」、「健康」、「愛心」等關鍵字占比非常大，如圖 7-5 所示。這說明，在網友的心目中，姚晨具有一個極好的「正能量」形象。從百度司南的資料中我們也可以看出，姚晨的粉絲大都喜歡影音娛樂、休閒類節目，喜歡正能量、搞笑類的節目，且粉絲以女性為主，這都與姚晨自身的特點緊密相關的。如果導演在邀請姚晨拍攝影音時不懂得分析這些資料，選擇了不符合姚晨粉絲口味的題材，那這樣的劇作不一定就能得到顧客的喜歡。相反，一部嚴肅的、沉重的劇作就不大適合姚晨參與演出，因為其自身氣質與其粉絲需求與該類的劇作是不契合的。當然，在電影產業從業者的經驗中，這樣的結論是顯而易見的，但如果缺少了這些大數據分析的支援，這樣的結論很可能是無法得到印證的。

姚晨影响力分析			
明星	影响力综合得分	互联网上内容存储量	粉丝热度
姚晨	43827	3162171	1.188414
领先于N%的明星	91%	96%	30%

圖 7-5　百度司南對姚晨的影響力分析

第三，影響劇作情節的發展

我們都知道，在韓劇和美劇中，經常會出現劇作的結局根據觀眾的呼聲進行調整的情況。當一部劇作放映後，觀眾會根據自己的喜好和需求對劇作的情節發展提出自己的意見，尤其是劇作的結局，觀眾的意見往往導致製片方不得不重新拍攝結局。

3　百度司南作為百度力推的行銷決策支援系統，旨在利用對百度覆蓋的中國 95% 以上的民眾行為，給顧客提供方向。它基於百度積累的巨量使用行為資料和行為分析技術，抽樣分析目標使用者的網路行為特徵，明廣告主在網路上找到更多、更合適的潛在使用者，提高 ROI。

中國的影音業也曾做過這樣的嘗試，如去年的網路劇《匆匆那年》，其結局就根據觀眾的呼聲進行了重新剪輯和製作，如圖 7-6 所示。劇中男女主角的命運，也經過觀眾的投票而確定了走向。這就是劇作製作中，顧客需求資料影響劇作情節的絕佳證明。在未來，觀眾對劇作情節的發展所產生的影響會越來越大，劇作製作者一定得用好資料分析，積極與觀眾溝通，以滿足顧客需求。

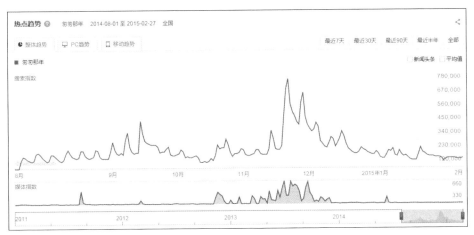

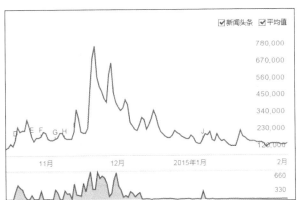

圖 7-6　電影《匆匆那年》的熱點趨勢圖

第四，影響廣告代言人的選擇

近幾年，在劇作中不著痕跡地置入商品宣傳，是劇作製作者慣用的手法。有的劇作為了插入廣告，不惜生硬破壞劇作完整性，這其實是非常不恰當的。但有的商家卻很聰明，他們利用大數據分析，合理尋找廣告代言人，而不是生硬地插入廣告，最後的廣告效果也是非常不錯的。

就拿前面提到的演員姚晨來說，利用百度司南資料我們可以清晰地看到，如果一個商家想尋找劇作廣告代言人，必須清楚地知道與這個代言人相關的一切要素，然後經過資料分析，最終得出其是否合適的結論。姚晨主演劇作的紅火，與其粉絲的支援是分不開的，喜歡姚晨的粉絲們喜歡什麼，就決定了姚晨應該代言什麼類型的廣告，如圖 7-7 所示。如果清楚此點，相信商家在選擇代言人的時候會更有目的性，如圖 7-8 所示。

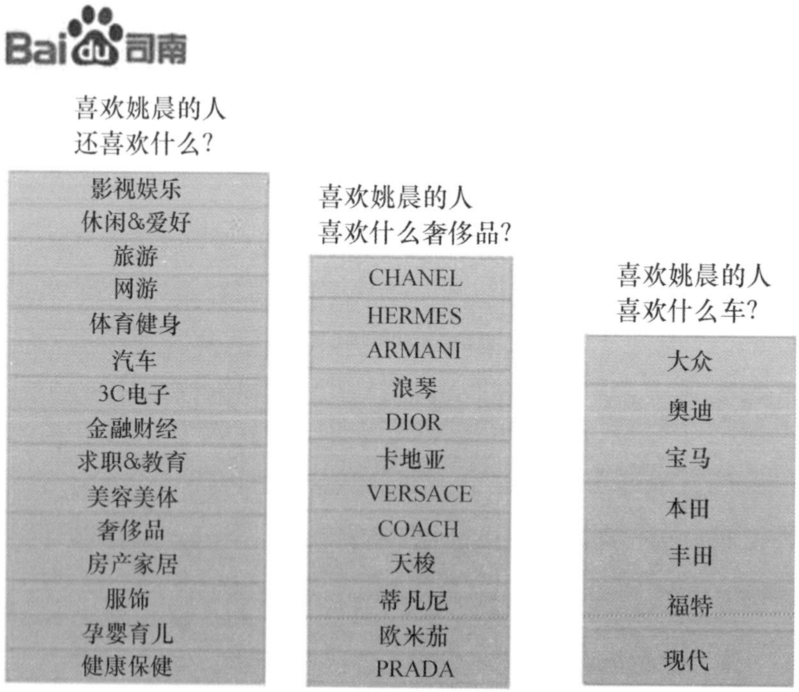

喜欢姚晨的人
还喜欢什么？

影视娱乐
休闲&爱好
旅游
网游
体育健身
汽车
3C电子
金融财经
求职&教育
美容美体
奢侈品
房产家居
服饰
孕婴育儿
健康保健

喜欢姚晨的人
喜欢什么奢侈品？

CHANEL
HERMES
ARMANI
浪琴
DIOR
卡地亚
VERSACE
COACH
天梭
蒂凡尼
欧米茄
PRADA

喜欢姚晨的人
喜欢什么车？

大众
奥迪
宝马
本田
丰田
福特
现代

圖 7-7　姚晨粉絲的偏好

圖 7-8 百度代言人

總之，大數據分析已經將影響劇作拍攝的各個要素以資料的形式展現了出來。影音工作者如果想贏得票房，想要在影音拍攝時更有針對性，就必須重視這些資料結果。資料時代，藝術領域同樣離不開資料的影響。且不論藝術創作具有何種個體性特徵，單就其影響因素來說，大數據分析絕對可以助藝術創作一臂之力。

7.3 影音網站的大數據精準行銷

隨著網路技術的發展，我們生活中很多行為習慣都發生了變化。在過去，我們觀看電視、電影大都利用電視機或者在電影院觀看，但隨著網路和智慧型手機的發展，我們可以輕鬆利用智慧型手機觀看影集。尤其是對年輕一代來說，他們再也不願意守在電視機前，等著每天一集的更新，他們更願意在網路上盡情觀看。網路讓電影、電視的觀看變得更加容易，同時也催生了網路影片的流行。這幾年，網路劇開始流行，適合年輕一代口味的網路劇得到了顧客的喜歡。我們熟知的優酷、土豆、搜狐視頻、騰訊視頻等影片網站，成為網路劇、影片集中的平臺。在這些平臺上，一些影片甚至創造了影片播放的神話，打破了以往人們對網路影片的想像。

例如，優酷推出的《曉說》和《侶行》節目，這兩個節目的時長是 40 分鐘左右，與傳統電視劇保持了一致。但在內容上，一個是高曉松以自己的方式講述歷史，一個是情侶探險，跟傳統的電視劇完全是兩碼事。這兩個節目推出後，受到了觀眾的極大歡迎。《曉說》的點擊量在短短的時間內超過了 5 億次，而《侶行》的點擊量也迅速超過了 1 億次，如此大的點擊量對於傳統劇作來說是不可想像的。

而更讓人不可思議的是，由萬合天宜和優酷聯合出品的《萬萬沒想到》系列喜劇，在短短的時間內，其點擊量就達到了 10 億次，成為去年影片網站播放量最高的網路劇，如圖 7-9 所示。

為什麼影片網站能夠如此瘋狂，它們是以什麼樣的方式達成精準行銷，贏得如此大的關注和點擊量的呢？

其實，這些網路劇的熱播呈現的正是網路時代的優勢。不論是在網路劇的選材上，還是在網路劇的拍攝製作上，抑或是在網路劇的個人化方面，它都比傳統影音有更多的優勢。

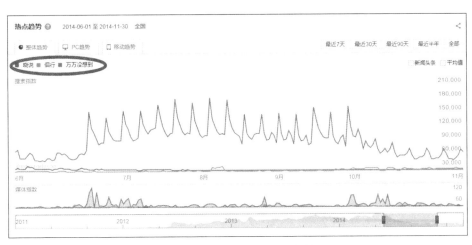

圖 7-9　三個網路劇的熱點趨勢圖

第一，題材選擇方面的精準和優勢

觀察這些網路劇，我們會發現其內容與當下生活非常貼近。不論是《曉說》《侶行》，還是《萬萬沒想到》，它們都是年輕一代最感興趣的話題。情侶探險是所有年輕人的夢想，而大膽搞笑、時賤時萌、敏感又憂傷的王大錘（《萬萬沒想到》的主角）則是很多年輕人生活的寫照，如圖 7-10 所示。這樣既貼近生活，又能帶來樂趣和知識的網路劇自然就會深受觀眾的喜愛。

如果從優酷視頻本身來說，其在精準行銷方面亦是對這些網路劇助力不少。經常瀏覽優酷顧客端或者網站的人會注意到，優酷會根據顧客的瀏覽習慣不斷推薦節目。如果一個觀眾經常瀏覽優酷網站並擁有該網站的帳號，他就會發現，優酷推薦的節目正是他喜歡的節目。這正是優酷基於大數據做的精準行銷策略。當然，使用者在觀看節目的同時，也將其需求資料回饋給優酷視頻，優酷視頻在內容製作和推播的時候，也有資料可循。

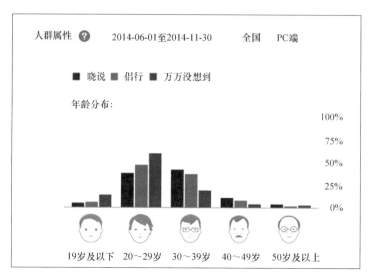

圖 7-10　3 個網路劇的人群屬性

第二，時間精準優勢

從《曉說》《侶行》到《萬萬沒想到》，網路劇的劇集時間在發生變化。長度從 30 ～ 40 分鐘，到 10 分鐘左右，這是基於顧客的需求資料發生的改變。對於很多上班族來說，平時根本沒有時間去看完長達 40 分鐘的影片，但是他們的零碎時間卻比較多，如中午休息、上班路上等，這些零碎時間正好可以看一集短小的網路劇。《萬萬沒想到》（圖 7-11）點擊量達到了 10 億次，其中一個很重要的因素就是其劇集時間迎合了顧客的消費需求。

而對於顧客什麼時段會觀看影片，什麼時段喜歡看哪類影片，優酷視頻根據觀眾的瀏覽記錄就能清楚掌握，做出恰當的推播。另外，對於網路影片中的廣告，網路技術可以清楚地記錄觀眾在哪一分哪一秒的時候暫停了影片、重複觀看了影片中的哪些部分、對哪些部分最感興趣等。根據這些寶貴的資料，影片網站就可以以此作為影片製作的決策依據。

圖 7-11　網路熱劇《萬萬沒想到》

第三，個人化、客製化優勢

網路影片的一個顯著特徵就是，每一位觀眾都可以隨時找到自己喜歡的節目。面對興趣愛好千差萬別的觀眾，傳統影音節目在滿足顧客需求方面往往有些力不從心。但是影片網站上的巨量影片卻能輕鬆達成此要求。在各大影片平臺上，觀眾無論想看搞笑影片，或想看嚴肅的歷史節目，還是想看軍事節目，甚至是菜肴製作節目，都可以輕鬆找到符合自己興趣的影片。影片網站也會根據使用者的搜尋習慣和資料來推出相應的節目，加上影片網站不像電視、電影，需要長時間的審批，其回應顧客需求的速度非常快。

如我們提到的《萬萬沒想到》，其在播出後一直採取的是邊拍邊播的形式，觀眾的意見和要求都能即時地回饋給劇組。所以，在不斷的拍攝過程中，其劇組一直在根據觀眾的要求和意見做著改變。如劇中反串女性角色的孔連順，因為受到了觀眾的喜歡，劇組因此在後期的節目中增加了孔連順的出場時間。網路劇個人化、客製化的此優勢，是傳統影音所不能比的。

第四，網路實體結合的優勢

提到網路劇，很多人的第一印象就是只能在網路中行銷。實則不然，網路劇的行銷結合了網路實體的優勢。因為網路是其主戰場，所有的資料和資訊都能在第一時間掌握，所以在行銷的過程中，其能根據資料分析結果採取最有優勢的行銷手段。《萬萬沒想到》熱播後，劇組注意到觀眾有許多是大學生，並且大學生不僅僅癡迷於網路劇，還喜歡購買相關的書籍。所以，該劇組就開始進入校園，與大學生進行互動宣傳，並很快推出了相關的書籍。這種基於大數據分析的網路實體結合的行銷方式，對於《萬萬沒想到》驚人的點擊量助力不少。

當然，影片網站在精準行銷方面還有更多的方式和手段，在大數據時代，使用者的需求探索不再是遙不可及的難題。只要掌握了使用者的資料，什麼樣的影片都可以找到其忠實的觀眾。而觀眾獨特的需求和興趣，則會讓影片網站產生個人化、客製化的內容。未來的影片網站，不單是使用者休閒、娛樂、增長知識的平臺，更是廣告產業精準行銷的最佳場合。

7.4 如何在微電影[4]、影片[5]中達成精準行銷？

網路時代，隨著人們生活節奏的加快、資訊的膨脹、智慧型手機的更新換代等，微電影和影片逐漸成為人們生活中必不可少的消費內容。對於顧客來說，短小精悍的微電影、影片，既能增加生活的樂趣，還能充分利用自己的碎片時間，它們就如微博、微信一樣給生活增加了樂趣。對於拍攝者來說，微電影、影片拍攝成本低，拍攝靈活，更能輕鬆、準確地表達主題，反應生活。而對於商家來說，微電影、影片是極好的行銷手段，它改變了過去影片中彈跳式廣告單調乏味的局面，而是以更加生動、可接受的形式將商家的理念傳遞給顧客。例如，百事可樂的微電影《把樂帶回家》，在帶給顧客感動的同時，也將百事可樂的商業理念悄然植入顧客心中，讓顧客久久難以忘懷。

而大數據技術的進一步發展，又為微電影、影片的發展增加了諸多的可能性。一部點擊量驚人的微電影或者影片，其在傳播的過程中究竟吸引了哪些顧客的關注，究竟哪個環節更吸引觀眾，其將會帶來什麼樣的收入……這些內容，在大數據技術的支援下，會清晰明瞭地展現在製片者的面前。而對廣告商和影片平臺營運商來說，微電影、影片與大數據技術的結合，會讓行銷變得更加精準。

第一，可以精準定位顧客習慣，達成精準行銷

我們在前面也提到，觀眾在觀看微電影、影片的時候，會留下相關的資料，如重播、定格暫停、搜尋相關資訊等。這些資訊正是影片平臺和商家分析使

4　微電影（Short Film），即微型電影，又稱微影、小型電影，指的是在電影和電視劇藝術的基礎上衍生出來的小型影片，具有完整的故事情節和可觀賞性。從視覺停留的角度來講，微電影有其特殊的意義，它能更清楚地讓觀眾記得發生在 30 分鐘以內的故事，而且在長時間內，依然記憶猶新。微電影是微時代—網路時代的電影形式，名稱富有中國特色。微電影之「微」在於：微時長、微製作、微投資，以其短小、精練、靈活的形式風靡中國網路。微電影興起於草根，各種參差不齊的「小短片」，來自各種相機、DV、手機，是真正源自生活的小電影。

5　影片是指短則 30 秒，長則不超過 20 分鐘，內容廣泛，影片形態多樣，涵蓋小電影、紀錄短片、DV 短片、視訊短片、廣告片段等，可利用 PC、手機、攝影機、DV、DC、MP4 等多種影片終端攝錄或播放之短片的統稱。「短、快、精」，大眾參與性，隨時隨地隨意性是影片的最大特點。

用者的最好資料，什麼樣的顧客喜歡什麼樣的內容？什麼年齡段的顧客喜歡什麼形式和題材？都可以利用資料分析得到。以大數據定位顧客的習慣，我們可以從以下兩個方面來入手。

1. 觀看時間。對於上班一族來說，中午休息、下午休息、早晚路上等都是觀看微電影、影片的集中時間段，如圖 7-12 所示。商家可以在這個時間段投放符合上班族消費習慣的廣告。

2. 接受語境。同樣的內容，微電影、影片營造出不同的語境，顧客接受的程度就會不同。2013 年 6 月，東風標緻拍攝了一部名為《選擇愛》的微電影，利用塑造 IT 男與假文青女互相說服對方，將最後一台標緻 308 讓給自己的故事語境，成功將東風標緻的理念灌輸給了顧客。而大數據分析結果也顯示，觀看該微電影的觀眾正是東風標緻 308 的使用者或者潛在使用者。IT 男與假文青女營造的語境也讓顧客牢牢記住了東風標緻的品牌形象。

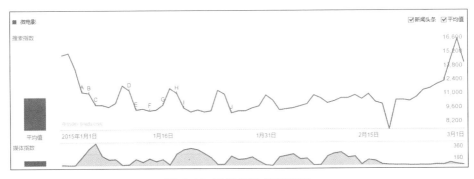

圖 7-12　微電影的搜尋指數

第二，達成與觀眾的互動，在互動中得到資料、精準行銷

與微電影相比，影片的拍攝難易程度和成本更低，幾乎人人都可以參與。尤其是近幾年智慧型手機的大力普及，已經幾乎讓每一個人都可以達成導演夢。一些拍攝影片的軟體，如微視（圖 7-13）、微拍等，都可以幫助使用者輕鬆拍出一個品質不錯的影片。我們所處的時代已經全面進入 4G 時代，上

傳和觀看影片將更加方便快捷。一旦社會中出現什麼熱門話題，就有使用者拍攝相關內容的影片與其他人分享。在這種分享中，觀眾與觀眾、觀眾與影片平臺之間達成了互動與溝通，觀眾的需求會清晰地展示給影片平臺營運商。而營運商自然會根據觀眾的需求資料為其個人化的推薦。

圖 7-13　微視

對企業來說，可以利用創造一個個有關親情、愛情、友情，或者是搞笑、感人、深刻的故事，將企業的品牌、文化、價值觀等注入其中，然後在大數據分析的基礎上推播給相應的顧客，既能贏得顧客的喜歡，達成與顧客的互動，又能節約行銷成本。

第三，走個人化、客製化之路，為不同人、不同人群定制個人化產品

精準行銷的目的就是將合適的產品放在合適的顧客手中。微電影、影片要想達到行銷目的，就必須在推播時瞄準消費人群。一個宣傳汽車的影片，初中生是不大感興趣的。同樣地，宣傳女性用品的影片推播給了男性觀眾，它也是失敗的。在精準人群的基礎上，商家要進一步精準到個體。大數據的未來必然是個人化的未來，例如，在優酷視頻的平臺上，有一些細分的節目，

如「每日一爆」、「大學快跑」、「睡衣新聞台」等，都對使用者群體進行了細分，不但能夠留住忠實的粉絲，更能精準推播廣告。

不過，不管在影片、微電影中如何精準行銷，它都有一個前提，那就是影片、微電影的內容必須是足夠好看的。在微電影、影片成為一種流行的行銷方式後，影片平臺上出現了品質參差不齊的影片，只有那些內容足夠有吸引力的影片才能博得觀眾的青睞。而未來，內容是否精良，廣告植入是否足夠吸引顧客，是影片、微電影發展的瓶頸。

在未來，影音產業如何更好發展，影音產業從業者如何創造出更符合顧客生活實際的作品？如何以行銷手段打開票房？大數據分析肯定會起到巨大的作用。而影音產業從業者也只有掌握了資料的奧秘，才能走進顧客的心中，成為顧客最貼心、最知心的朋友。

CAHPTER

8

社交通訊：

大數據寶地，
精準行銷利器

社交是人類社會屬性的集中呈現，隨著網路以及行動網路來勢洶洶的發展，社交通訊也已經成為人們日常生活的必備工具。當文字、語音、圖片、影片都集聚到社交通訊中時，社交通訊也因而成為了大數據寶地所在。在大數據世界，誰能夠找到社交通訊中的大數據寶藏，誰就掌握了精準行銷的利器。

8.1 尋找社群平台上的大數據寶藏

在資料時代，大數據是企業達成精準行銷的重要資源，誰能探索到更多的大數據寶藏，誰就能成為大數據時代的贏家。然而，在這個資料大爆炸的時代，我們隨處都可以拾取到各種各樣的資料資源，但這些碎片化、間斷性的資料，作用著實有限，究竟哪裡蘊含有真正的大數據寶藏呢？社群平台是最好的去處。

大數據是指巨量的非結構性資料，而在社群平台上，使用者隨時隨地可以發佈各種資訊，這些資訊以文字、圖片、音訊、影片等形式呈現出來。從這個角度來看，坐擁數以億計的使用者的社群平台，每天都在產生大量的資料資源，社群平台無疑成為了大數據時代的金銀島。

在網路時代，大批中國網路企業蜂擁而起，並形成了「BAT」三足鼎立之勢，百度、阿里巴巴和騰訊成為網路時代真正的王者。而在從 IT 到 DT 的時代進程中，「BAT」也開始打造自己的社群平台，以獲取源源不斷的大數據，這得益於大數據所帶來的更加開放、共用的網路環境，我們也可以到這些社群平台上，去尋找自己的大數據寶藏。

第一，微博

新浪微博已經樹立了牢靠的市場地位，坐擁超過 5 億使用者，新浪微博情況如圖 8-1 和圖 8-2 所示。2013 年 4 月 29 日，阿里巴巴以 5.86 億美元的價格收購了新浪微博 18% 的股權，成為微博的第二大股東。與此同時，新浪還授予了阿里巴巴一項選擇權，允許阿里巴巴在未來按照預定的定價方式，將持股比例增加至 30%。到那時，阿里巴巴將順勢成為新浪微博的第一大股東，微博即將成為阿里巴巴的囊中之物。

根據雙方的合作協定，如今，阿里巴巴和微博已經在使用者帳戶互通、資料交換、網路支付、網路行銷等領域展開了深入的合作，阿里巴巴也終於在自身的薄弱板塊—社交領域，擁有了與百度和騰訊相抗衡的能力。

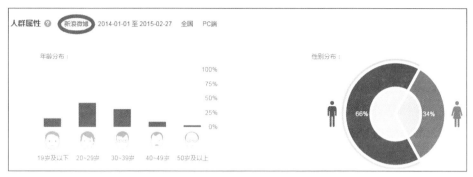

圖 8-1　微博人群屬性介紹

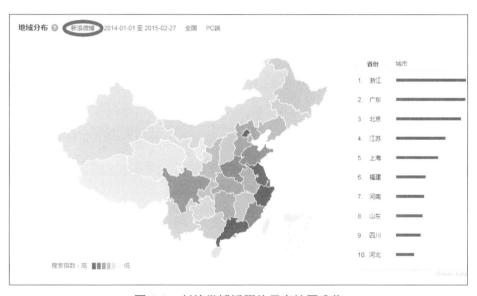

圖 8-2　新浪微博活躍使用者地區分佈

利用大數據技術，微博在收集了有關使用者基本資訊、教育資訊、職業資訊等個人資料之後，再結合使用者的點讚、轉發、評論等行為就能夠對使用者的行為偏好進行精確的分析。而當微博與阿里巴巴達成帳戶互通之後，在資料交換中，阿里巴巴結合本身的電子商務資料，進一步完善對於顧客消費習慣的分析結果，全方位瞭解一位使用者的真實需求。

阿里巴巴與微博的聯手，對於二者來說都具有非凡的意義。那麼，對於協力廠商企業而言，又應該如何從微博上探索到屬於自己的大數據寶藏呢？

如今，微博已經開發了一系列的「微應用」供協力廠商企業使用。例如，當企業想要查詢微博熱詞或微博帳號影響力時，就可以使用風雲榜排名進行查詢；微博也按照一定的規則對微博上的各種資訊資料進行排序，以熱門話題的形式說明企業瞭解時下的熱點，做出突破；被很多企業忽視的是，微博還提供了微博搜尋、資料收集等比較實用的商業應用，依靠這些工具，微博能夠為其他企業帶來有價值的資料。

第二，微信

早在 1999 年騰訊公司剛剛成立不久，騰訊就得到了天使投資人劉曉松的強力支持。劉曉松之所以會如此看好騰訊，正是因為他發現：「當時雖然他們的公司還很小，但已經有使用者營運的理念，他們的後台對於使用者的每一個動作都有記錄和分析。」相較之下，另一位投資人卻因為馬化騰公司在起步階段就花費大量的金錢在資料上感到不滿。

而至今來看，騰訊的產品生產及營運、騰訊遊戲的崛起都離不開對數據的重視。以社群平台起家的騰訊之所以能夠打造出一個龐大的「企鵝帝國」，正是在於騰訊從一開始就重視對社交大數據的製造、流通和探索。

如果說 QQ 和 QQ 空間是騰訊在電腦 PC 端的大數據開放平臺的話，那麼，微信則是騰訊在行動設備上的大數據開放平臺。隨著微信對於各種介面的開放，企業也得以從「企鵝帝國」中探索出巨大的財富。

2013 年 8 月 29 日，微信產品團隊利用服務號「微信公眾平臺」發佈消息，宣佈「微信公眾平臺增加資料統計功能」，如圖 8-3 所示。這樣一來，企業就可以直接在微信公眾號的後台介面，採用微信提供的「資料統計」功能，此功能分為使用者分析、圖文分析和消息分析三大模組，企業可以使用這項功能查看 2013 年 7 月 1 日之後所有資料的變化。

僅以使用者管理分析為例，該模組分為使用者增長和使用者屬性兩個部分，使用者增長包括新增人數、「取關」人數、淨增人數和累積人數四個維度；而使用者屬性則根據使用者的性別、語言、省份、都市等屬性進行了區分。

依靠微信開放的大數據功能，企業能夠更為便利地探索出深藏在微信平臺中的大數據「礦產」。

圖 8-3　微信

第三，百度貼吧

三巨頭之一的百度，依靠搜尋引擎業務，在網路時代大發利市；但到了行動網路時代，搜尋引擎不再是流量的第一入口，如圖 8-4 所示。近幾年，在阿里巴巴與騰訊的頻繁「交火」中，百度似乎顯得無所作為。但正如百度大數據首席佈道師陶海亮在 2014 年中國大數據應用論壇上所說的：「其實，百度本身是一個大數據公司，因為做搜尋引擎業務，不掌握大數據是行不通的。」

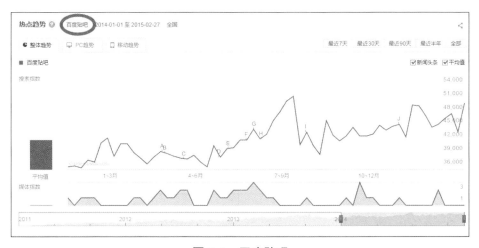

圖 8-4　百度貼吧

搜尋引擎始終是百度大數據的一個重要來源，而相比於社群平台所帶來的資料相比，搜尋引擎搜集到的資料價值似乎並沒有那麼出色。因此，早在2003年底，百度首席執行官李彥宏就推出了自己的社群平台—貼吧。結合搜尋引擎的使用者黏性，百度希望能夠建立一個網路的交流平臺，讓那些對同一個話題感興趣的人們聚集在一起，方便展開交流和互相幫助。貼吧實際上就是一種關鍵字社群平台，它與搜尋是緊密結合在一起的，因此也能夠更為精準地把握使用者需求。

2014年4月，百度也終於走向了大數據開放之路，發佈了百度大數據引擎戰略，在此戰略的指引下，百度將會把多年來在大數據應用方面積累的技術能力開放出來，提供給各行各業使用。根據陶海亮的介紹，在百度大數據引擎戰略中，「針對最底層，大數據引擎有開放雲，即雲端運算，但百度的規模更大一些，並含有獨有技術。在雲開放上面有資料工廠，即新一代資料庫管理技術，以及探索方法。資料工廠上面最核心的成為百度技術，叫做百度大腦。」

網路時代造就了「BAT」的巨頭地位，這也源於他們對於大數據重要性的合理預判。但在大數據時代，對於大數據的探索、採集而言，一味「閉關鎖國」只會將自己困死在原地。因此，三大網路企業開啟了各自不同的大數據開放策略，這也為其他企業在社群平台上尋找大數據寶藏提供了便利。

8.2 騰訊為什麼與京東合作？

網路三大巨頭在大數據上各有各的優勢，百度是搜尋引擎界的老大哥，阿里巴巴則佔據了電商的龍頭位置，騰訊更是打造了自己的「社交帝國」。而在騰訊與阿里巴巴頻繁的「互掐」中，阿里巴巴推出了即時通訊軟體「來往」，入股坐擁 5 億使用者的社群平台—微博，面對阿里巴巴的全面入侵，騰訊又做出了怎樣的應對呢？

其實，早在電子商務發展之初，騰訊推出了拍拍網、QQ 網購等電子商務平臺，並打造出了自己的協力廠商支付平臺—財付通。然而，雖然擁有極為龐大的使用者基數，騰訊的電商之路卻走得極為艱辛。因此，騰訊在 2012 年 5 月 16 日耗資 5 億元入住易迅網，想要在 3C 數碼產品和電器商品領域與各大電商一較高下。雖然憑藉騰訊在旗下平臺上依靠廣告、圖片、彈出視窗對易迅網進行大力宣傳，易迅網在電子商務 3C 領域的市場銷售量也得以迅速攀升至第三位，緊隨京東、蘇寧之後，但真要說起市場規模，不要說淘寶、天貓了，易迅網比之京東仍然相去甚遠。

空有一身社交大數據，騰訊卻無法在電子商務領域有所起色；相反，阿里巴巴卻依靠來往、微博在社交領域挖起了騰訊的牆角，這對於騰訊而言無疑是「不能忍」的。

2014 年 3 月 10 日，騰訊發佈公告，宣佈與京東建立戰略合作夥伴關係，以 2.14 億美元以及自有電商資產的相應股權，再加上微信和手機 QQ 的一級入口，換取京東 15% 的股份。

根據騰訊發佈的公告內容顯示：「京東將獲得騰訊旗下 B2C 平臺 QQ 網購、C2C 平臺拍拍網 100% 的權益、物流人員和資產，以及易迅網的少數股權和購買易迅網剩餘股權的權利，並獲得騰訊微信及手機 QQ 顧客端的一級入口位置及其他平臺支持。同時，騰訊將獲得京東 15% 股份，並在京東 IPO 時以招股價認購額外的 5% 股份，屆時占股將達到 20%。」

在雙方的這次合作之中，我們明顯可以看到的是，京東之所以會「引狼入室」，最主要的目的是什麼呢？不是區區 2.14 億美元，也不是仍然處於虧損狀態的 QQ 網購、拍拍網，更不是自己的手下敗將—易迅網，而是微信與手機 QQ 的一級入口。京東的超越目標一直都是阿里巴巴的淘寶和天貓，雖然京東已經成為 3C 電子商務領域的老大哥，但想要與阿里巴巴一較高下，仍然力有未逮。在電商數據、使用者黏性等方面都遠遜於阿里巴巴的當下，與騰訊合作，利用探索微信與 QQ 上龐大的社交資料，在成功登陸 NASDAQ 之後，京東將迎來一個漫長的春天。

而對騰訊來說，究竟為什麼要付出這樣大的代價與京東進行合作呢？要知道，單單是微信一級入口的價值，就已經高達 10 億美元，還要貼上 2.14 億美元和自己的電商、資產、人才，騰訊究竟圖什麼呢？原因分析如圖 8-5 所示。

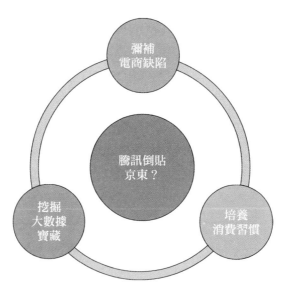

圖 8-5　騰訊倒貼京東的原因

原因一，彌補電商缺陷

近幾年，騰訊在電子商務領域到處發力，除了自身的 QQ 網購、拍拍網之外，騰訊還相繼投資了 F 團、高朋團、易迅網等大大小小的電商平臺，即使是其中唯一能夠為騰訊帶來盈利的易迅網，也一直沒有太大的起色。雖然易迅網為顧客帶來的消費體驗不錯，但其覆蓋範圍仍然局限在一線都市，即使騰訊自身擁有龐大的使用者基數，也無法挽救易迅網於敗勢之中。

儘管阿里巴巴推進行動電子商務的發展滯後，騰訊即便擁有中國最成功的行動流量入口—微信，也仍然無法打造出自己的電商生態。在可預見的未來中，騰訊想要依靠自身的力量打造一個成功的行動電商平臺，幾乎沒有希望。而要尋求合作，騰訊自然不能再選擇那些無關痛癢的小型電商。在中國對電子商務市場最有掌控力的只有兩家公司—阿里巴巴和京東，阿里巴巴是騰訊的死敵，騰訊自然不願意也不可能與阿里巴巴合作，京東就成了唯一的選擇。

隨著微信支付發佈以來，微信已經開始成為騰訊進軍行動電子商務市場的主要平臺，但要真正凸顯出微信作為行動電商平臺的價值，騰訊還需要引入大量的商家進駐微信平臺。光靠騰訊單打獨鬥，自然難以達成此目標，而在拉京東入夥之後，且不談會有多少商家跟風而起，單是京東本身的業務量，就已經足夠騰訊消化的了。

當騰訊在電子商務市場屢戰屢敗之後，騰訊已經不再妄想以自己的力量撼動阿里巴巴在電子商務市場的地位了。那麼，出售旗下的「不良資產」，讓京東借助自己的流量入口和平臺去與阿里巴巴相抗衡，對於騰訊而言，無疑是最好的選擇。

原因二，培養消費習慣

如今，在中國地區，大部分人都擁有至少一個 QQ 帳號，但這麼多的 QQ 使用者，在選擇電子商務時，仍然會去淘寶、京東、當當網，支付也會選擇支

付寶。其中，支付寶更是憑藉超過 9000 億元的交易規模，成為全球最大的行動支付平臺，而騰訊在電子商務領域中扮演的角色幾乎看不到。

騰訊在推出微信支付擠佔行動支付市場之後，微信雖然已經擁有了話費充值、生活繳費、購物、轉帳等基本消費功能，但很多人只把微信看作為一款社交產品，使用者已經習慣了支付寶，而要培養使用者新的消費習慣，騰訊自然需要再加一雙援手，而這雙援手就是京東得到微信的一級入口。

京東目前擁有超過 3 萬名員工、近 4 萬合作商家以及上億的使用者，其每天的訂單交易量更是達到了百萬級。隨著微信為京東提供一級入口，微信的購物通道更加明顯，也能夠引導大量的電子商務顧客，尤其是京東顧客選擇微信進行購物，培養使用者使用微信消費的習慣，進一步強化微信作為一款支付工具、電商平臺的角色。從這個角度來看，騰訊之所以用滴滴打車與阿里巴巴的快的打車開展「燒錢大賽」，也正是出於培養使用者消費習慣的考慮。

原因三，探索大數據寶藏

早在成立之初，騰訊就十分重視對於大數據的採集與探索。十幾年過去了，騰訊已經積累了大量的社交資料，尤其是在這個資料爆炸的時代，光靠微信與 QQ，騰訊手中的社交資料就已經龐大到難以處理。但與阿里巴巴相比，我們就能輕易發現騰訊的資料庫缺失了重要的一塊，即使用者的消費資料。

我們雖然可以利用社交資料對使用者的行為偏好進行分析，但有一點要注意的是，社交資料通常有一定的欺騙性，很多人在社群平台發佈的訊息並沒有那麼真實，而電商數據則是萬無一失地反映出了顧客的消費偏好，畢竟，網路上人人都可以吹牛，但花出去的錢是不會灌水的。

社群平台上雖然蘊含著豐富的大數據寶藏，但只有將這些資料與商業資料結合在一起，企業才能夠對顧客進行全方位的精準分析，實施精準行銷戰略。騰訊雖然坐擁巨量的社交資料，卻缺乏豐富的商業資料，與京東的合作，則能夠幫助騰訊在探索京東的電商數據之後，發揮出大數據的最大價值。

8.3 社群平台上開故事會

社群平台作為精準行銷的一大利器，其作用自然不僅僅是大數據這麼簡單。依靠社群平台，企業可以在社群平台上「開故事會」，以社群行銷、事件行銷等有效行銷手段，讓精準行銷變得更加簡單。

如今，在主流微博平臺建立官方微博帳號已成為一大潮流，從商業企業到政府機構都不甘落後，正是因為他們意識到了社群行銷中人人參與的力量。目前，新浪微博上已有超過 4 萬家企業建立了自己的官方微博，招商銀行更是依靠 100 多個官方微博帳號組成了一個「微博矩陣」，很多企業也設立了專門的社群行銷職位和部門，以專門團隊來維護官方微博等社群媒體。

之所以如此，正是因為在如今，社群媒體已經成為了企業行銷最重要的無形資產之一，它不僅能為企業以極低的成本獲取大量的活躍流量，更能夠幫助企業貼近顧客需求，同時也能夠及時對各種公關危機作出應對。

在網路時代，很多企業紛紛建立起自己的官網，希望能夠將之打造為自己在網路上的行銷陣地。然而，效果卻十分有限，而官方微博卻能為企業的精準行銷帶來奇效。隨視傳媒 COO 薛雯漪就打了一個巧妙的比方：「官網猶如開在遠郊的星巴克，人流較少，需要專門拉顧客到店裡去；而官方微博則像開在鬧市中的星巴克，人來人往，熙熙攘攘，占盡天時地利人和。新浪微博平臺有超過 2 億的使用者，把日常的資訊交互和人脈關係搬到這個平臺，流量巨大且活躍。每個微博猶如面對 2 億人的廣場客廳，這是怎樣一種行銷價值？並且，官微比官網更容易更新，內容更容易吸引人，也更容易與受眾互動，引發二次傳播。在社群媒體時代，越親近顧客瞭解他們的心聲，越接近負面資訊，及時掌握潛在抱怨，就越能及早平息問題，甚至轉危為機。」

各種網路企業之所以能夠把傳統產業做出新意，是因為低成本、效果好的社群行銷手段在其中起了很大的作用。近幾年來，各種社會熱點話題從未停歇，在社群媒體傳播效應與互動效應的雙重作用下，這些熱點話題總是能在使用者之間形成「病毒傳播」，甚至成為全民矚目的焦點。

而對於企業精準行銷而言，在社群媒體的瘋狂作用下，我們所要做的就是借助熱點話題進行造勢，每個熱門事件的發生對於企業而言都是品牌塑造的絕佳機會。那麼，企業究竟應該如何使用事件行銷的手段在社群平台上「開故事會」，為自己造勢呢？步驟如圖 8-6 所示。

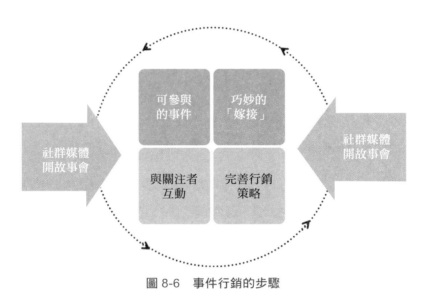

圖 8-6　事件行銷的步驟

第一步，找到公眾可參與的「事件」

蒙牛酸酸乳為什麼能夠借助《超級女聲》獲得成功，正是因為《超級女聲》是當時名副其實的熱點事件。在《超級女聲》決賽時全國有接近 1/3 的人在收看節目，其中不少人還利用手機簡訊與之互動。而到了網路時代，熱點事件在社群媒體上能夠形成更快的傳播，讓更多的使用者參與進來。如今，在新浪微博上，熱門話題的閱讀量大多能達到數以億計的規模，2015 年春節期間的「讓紅包飛」的閱讀量更是達到了驚人的 55.5 億次！

因此，企業在社群平台上開故事會，首先要找到一個能夠成為主題、能夠讓公眾參與進來的熱門事件，利用熱門事件激發人們的好奇心，調動公眾的參與熱情，進而帶動企業自身的宣傳。

在 2013 年世界盃期間，「謝亞龍下課」事件鬧得沸沸揚揚，聯想就在某主流入口網站的體育頻道上推出了一個話題，在「謝亞龍下課」相關新聞的下方，使用者能夠看到「想樂就樂，就算謝亞龍不下課」的連結，點擊進去之後，則會看到聯想 Ideapad—新想樂主義的廣告影片內容。雖然這樣的廣告內容有些「標題黨」的味道，但在推出當天，它就獲得了超過 11 萬次的點擊，以及 2000 多則回覆，從產品推廣而言，這樣的「標題黨」無疑是有成效的。

對於事件行銷而言，事件的影響範圍越大、可參與性越高自然越好，只有在這樣的事件中，企業才能夠憑藉話題產生足夠的吸引力和影響力。

第二步，學會巧妙地「嫁接」

在資訊大爆炸的今天，媒體都會發生大大小小的事件，每一件事都可能成為熱點，有的熱點可能只會「熱」上一兩天。因此，對於企業而言，一次事件行銷的成功無疑需要機遇，但更需要的是觀察力和想像力。我們不僅要學會抓住可能成為熱點的事件，更要學會將企業、產品或品牌「嫁接」到事件當中，而「嫁接」得越不漏痕跡，企業借勢行銷的效果自然就會越好。

杜蕾斯官方微博可以說是所有企業官微的「楷模」，之所以這麼說，是因為杜蕾斯官方微博能夠抓住微博上的每一個熱點，並巧妙地將杜蕾斯的品牌或產品嫁接到其中。2015 年 2 月 8 日，當天的頭條新聞是「汪峰求婚章子怡成功，再次沒能上頭條」，而就在「汪峰求婚成功」新聞出現的 10 分鐘後，杜蕾斯就發佈了一條微博，其文案是「YES！愛杜！」在其配圖中，則有一隻以杜蕾斯為「鑲嵌物」的戒指。這樣的事件行銷方式，不僅能夠僅僅抓住熱點事件，也不會因為太過直接而弄巧成拙，如圖 8-7 所示。

圖 8-7　杜蕾斯事件行銷

第三步，與關注者互動起來

事件行銷想要在社群媒體上獲得成功，就不能是單純的「我說你聽」，我們之所以稱之為「在社群平台上故事會」，正是因為在這個「故事會」中，所有人都盡情地說故事，形成有效的互動。

2014 年夏天最熱門事件，無疑就是巴西世界盃了，在這次世界盃期間，大批企業都利用世界盃為噱頭展開自己的行銷活動。而巴西世界盃對於一直迫切擠佔行動網路市場的百度無疑是一次絕佳的機會。在巴西世界盃期間，百度就推出了「世界盃刷臉吃飯」活動，並大獲成功。

在這次活動中，使用者只需要用手機百度自拍一張照片，系統就會自動識別、打分數，並根據分數贈送相應的折價券，這些折價券可以在百度外賣中使用。這個過程看似簡單，卻需要極高的圖像識別技術與人臉識別技術，這對於搜尋引擎界的專家而言，自然不在話下。

這次活動成功的關鍵則在於以餐飲優惠作為誘惑點，以世界盃作為話題點，並以「自拍」提高使用者的互動享受。「自拍」是大多數年輕人的一大愛好，而在好勝心和好奇心的雙重驅動下，使用者還會不斷地變換角度和姿勢進行自拍，並邀請好友參與進來以「一較高下」。

第四步，制訂完善的行銷策略

雖然說社群媒體無時無刻不在爆發新的熱點，但對企業而言，適合自己使用的熱點事件必然是一種珍貴資源。因此，一旦企業抓住合適的行銷熱點事件，即使是很短的時間，也需要對其進行分批傳播，以達成行銷效果的最大化。在精準行銷時代，已經極大細分了媒體受眾。在這種情況下，企業就可以根據不同的媒體管道制訂不同的新聞方向，利用分層次、分時間段、分媒體管道的新聞滲透，努力達成企業品牌在一次熱點事件得到最長時間、最大規模的傳播。

當然，在社群平台上「開故事會」也並不是有利無害的。成功的事件行銷能夠為企業帶來一本萬利的效果，但如果運作不當反而會為企業帶來難以挽回的損失；尤其是在社群媒體中，「說出去的話就像潑出去的水」，想要收回是極其困難的。

8.4　如何吸引粉絲，做好粉絲行銷？

「粉絲」從來沒有擁有過今天這樣大的行銷價值。當然，這裡說的不是餐桌上的粉絲，而是指一切企業、產品、品牌、人物、文化的支持者。粉絲行銷在社交時代的重要性已經不言而喻，畢竟，一個支持者最實際的支持行為是什麼呢？就是消費。

在《粉絲力量大》中，作者張薔就對粉絲經濟給出了這樣的定義：「粉絲經濟以情緒資本為核心，以粉絲社群為行銷手段增值情緒資本。粉絲經濟以顧客為主角，由顧客主導行銷手段，從顧客的情感出發，企業借力使力，達到為品牌與偶像增值情緒資本的目的。」

中國對於粉絲行銷用得最為嫻熟的自然是小米公司，正是依靠粉絲行銷，小米手機才創造了「四年從零到六千萬」的銷售神話。雷軍於 2010 年 4 月創立的小米公司，可以說只是中國手機產業的一個小嬰兒，在經歷了一年多的鋪陳之後，小米才於 2011 年 8 月發佈了自己的第一款手機；而到了 2014年，小米已經達成了 6112 萬台手機的銷售神話，年銷售額更是達到了 743億元，成功登頂中國市場銷售量第一的地位。450 億美元的估值，也讓小米成為了目前全球價值最高的未上市的科技公司。

小米為什麼能夠取得這樣驚人的成就呢？這離不開粉絲行銷的幫助。

當我們打開小米手機包裝盒，「為發燒而生」就迅速映入我們的眼簾，如圖8-8 所示。事實上，這也正是小米的品牌宣言，小米手機正是一群「發燒友」一起研發出來的手機，這群「發燒友」正是小米手機的死忠粉絲。而隨著超高 CP 值的小米手機橫空出世，在這群「發燒友」的帶動下，有大批顧客蜂擁而來，並迅速成為小米「粉絲」的一員，在這樣的「病毒式傳播」中，小米成為神話自然也無可厚非。

那麼，對於企業而言，究竟應該如何吸引粉絲，做好粉絲行銷呢？我們不妨向小米取取經。

第一步，以社群、論壇打造企業文化

在小米公司創立初期一年多的時間裡，小米並沒有把精力放在手機上，而是專注於開發自己的手機作業系統—MIUI。當時，負責 MIUI 業務的是黎萬強，而雷軍對他的要求就是「不花錢把 MIUI 做到 100 萬」。這要怎麼做呢？

圖 8-8　小米手機「為發燒而生」

黎萬強選擇了免費的行銷管道—論壇。黎萬強帶著自己的團隊輾轉於各大手機論壇，用「灌水」、發廣告的形式尋找智慧型手機的資深使用者。在黎萬強的「初選名單」上有 1000 個資深使用者，而經過精挑細選之後，黎萬強只選擇了 100 個人作為「超級使用者」，讓他們全程參與到 MIUI 系統的設計、研發、體驗中。也正是這 100 個人，成為了「米粉」的源頭。隨著小米手機論壇建立起來，「米粉」也有了自己的「大本營」。

小米公司的員工獎懲直接與使用者體驗與回饋掛鉤。在小米公司內部，員工考核或考勤等工作其實是由使用者來完成的，這讓使用者在小米的高度重視下逐步成為「米粉」之一。當小米讓越來越多的「米粉」參與到產品的調研、開發、體驗中時，「米粉」自然就成了小米的傳播者、行銷者，隨著「米粉」被牢牢地黏在了小米論壇之中，「米粉文化」也就應運而生。

第二步，以社群行銷傳播企業品牌

社群、論壇只能當做粉絲行銷的大本營，而難以成為快速行銷的利器，這是因為只有使用者已經對某種產品或服務感興趣時，才會進入它們的論壇去「一探究竟」，而對於那些完全不知道這些產品或服務的顧客而言，論壇、社群的存在感幾乎為零。

網路為企業的粉絲行銷帶來了多種管道。經過多年的實踐，小米採取了多管道結合分工的社群行銷模式—「微博拉新、論壇沉澱、微信客服」模式：將微博作為行銷的主場，以事件行銷的手段吸引新使用者；將使用者吸引到小米論壇中，用論壇上豐富的資訊、程式資源，將使用者沉澱為粉絲；將微信公眾號作為自己的客服平臺，為使用者提供服務。除此之外，小米與「QQ空間」合作，將之打造為產品的行銷管道之一，並讓百度貼吧承擔了論壇的一部分功能。

第三步，以互動黏住使用者

當小米搶佔了多個社群平台之後，小米的粉絲行銷也開始向實體延伸：以「同城會」將同城的「米粉」聚集在一起，讓他們來聊聊手機、聊聊系統，讓「米粉」們在「玩手機」中凝聚在一起；一年一度的「米粉節」小米則與使用者一起狂歡，在此天，小米會發佈新的產品、促銷活動，熱情的「米粉」也會將「米粉節」的影響力傳播出去，如圖 8-9 所示。要知道，「米粉」中重複購買 2 ～ 4 部小米手機的使用者占到了 42%，這樣的重複購買率，大概也只有蘋果能夠超越了。

「米粉」為什麼會對小米有如此高漲的熱情呢？正是因為小米的使用者不只是手機使用者，更是小米文化的「發燒友」。在精準行銷時代，讓使用者參與進來才是真正的王道。創造出一種文化，讓使用者自己參與其中，並成為忠實的使用者。這批使用者就會變為免費的宣傳載體。「不花錢做到 100 萬，甚至做到 743 億」，在精準行銷時代並不是不可能的事情。

圖 8-9　4.6 米粉節

粉絲行銷的核心在於打造一個足夠吸引人的品牌文化，在社群平台上以互動黏住使用者，利用一個個話題、一場場活動，不斷引起注意，讓使用者參與進來，成為自己的忠實粉絲。

8.5　通訊商的大數據實踐

網路是大數據爆發的集中地，行動智慧設備則是下一個大數據爆發重點。當越來越多的網路企業開始搶佔行動網路市場時，似乎忘記了行動智慧設備的「主人」─通訊商。

每一支智慧型手機的使用都離不開一張手機卡，通訊商因此也獲得了極大的發展，中國通訊市場更是形成了中國行動、中國聯通、中國電信三足鼎立的局面，如圖 8-10 所示。然而，隨著行動智慧設備與行動網路的進一步普及和發展，通訊商卻陷入了「管道化」的困境。

圖 8-10　三大營運商

各種社交 App 的進駐，使得通訊商的傳統業務─語音通話、簡訊受到了極大的挑戰，隨著微信、手機 QQ 等 App 功能的完善，語音通話、簡訊已經成為可有可無的功能。面對這樣的困局，大數據則成為通訊商突破重圍、自我救贖的利器。

如今，運用大數據助力市場經營已成為國內外通訊商的共識，如中國行動、西班牙電信等都已經在大數據應用方面做出了積極的探索。據電信與媒體市場調研公司 Informa Telecoms & Media 的一份調查結果顯示：「全球 120 家營運商中約有 48% 的營運商正在實施大數據業務。大數據業務成本平均占到營運商總 IT 預算的 10%，並且在未來 5 年內將升至 23% 左右，成為營運商的一項戰略性優勢。」由此可見，對於通訊商而言，由流量經營進入大數據營運已成為大勢所趨。

事實上，憑藉本身擁有的豐富資料資源，通訊商想要以大數據進行突圍，是最為明智的選擇。以中國行動為例，在其 CRM、BI、BOSS 等系統中，目前記錄著超過 7.5 億使用者的交互資訊資料，而這些資料則囊括了顧客基本資訊、通話行為、上網行為、資料業務使用、智慧設備、通路接觸等諸多方面。這樣豐富的資料資源，自然能夠為通訊商的大數據時代奠定良好的基礎，如圖 8-11 所示。

每分鐘應用下載 1142 人次

每天淨增加 16.6 萬

每分鐘銷售終端 251 部

每秒無線上網流量 33GB

每天通話數據 10TB

每秒發送簡訊 2.4 萬則

每分鐘 800 萬次通話

每天行動數據 100TB

圖 8-11　營運商的漂亮資料庫

目前而言，通訊商的大數據實踐主要集中在四個方面，如圖 8-12 所示。

圖 8-12　營運商大數據實踐的四個方面

第一，顧客洞察

根據顧客的各類資料，如消費、通話、位置、瀏覽、使用等資料，通訊商就能夠依靠各種各樣的大數據演算法建立顧客的「三維模型」，甚至能夠利用顧客的聯繫記錄建構出顧客的社交網路，來進一步完善該模型。這樣一來，通訊商就能夠運用資料收集的方法，發現各種圈子並對其影響力進行分析，找出其中的關鍵成員，再結合大數據對家庭、政企顧客的識別技術，發現自己的關鍵顧客，並對其使用情況進行即時監控，在發現其異動情況時，也能夠及時作出應對。

第二，市場行銷

大數據運用於市場行銷的方案實在是不勝枚舉，大數據的精準行銷對於通訊商而言同樣適用。下面舉個簡單的例子來說明。

中國行動 2013 年賣出了 1.5 億部 TD-SCDMA 智慧設備，在全球市場上，TD-SCDMA 制式的智慧設備和 W-CDMA 以及 CDMA 規格原本一直處於一

個穩固的比例；而正是這 1.5 億支智慧設備的攪局，使得 TD-SCDMA 晶片已經成為市場的主流。中國行動 2014 年的銷售計畫是 2.3 億支，這對於各家分公司而言都是一個難以達成的任務，尤其是在過去無往不利的「行銷成本補貼」模式利潤下降的時候，達到此銷售目標就更為困難。而大數據的應用則為各家分公司帶來了希望。通訊商利用大數據對顧客的終端偏好和消費能力進行分析，只需要查看顧客的歷史使用設備以及社交圈中關鍵成員的使用設備，再結合每個設備的生命週期，抓住顧客的換機時機，就能夠在抓住某些特徵事件之後向顧客推播相應的終端資訊。正是基於此精準的行銷手段，有的中國行動分公司甚至以零行銷成本完成了出貨客製化的任務，而且全部是利用電商管道達成銷售的。

第三，顧客服務

對任何一家通訊商而言，客服都是極大的一筆成本開支。僅就中國行動客服中心而言，每年服務的顧客超過 500 億次，平均每月系統撥入量達 32 億次，人工撥入量 2.47 億次，每個接線員每個月要接聽 5000 ～ 6000 通電話。而大數據技術則能夠達成通訊商顧客服務的智慧化和自動化。

在中國行動收購了科大訊飛的部分股份後，中國行動的 10086 熱線已經能夠利用語音轉文字、文本分析等技術，自動分析來電內容並對其進行分類，識別出其中的熱點問題。如果發生了網路、資費這樣可能造成大量投訴的情況，系統還會及時發出預警，幫助中國行動制訂改善計畫。除此之外，中國行動甚至還在開發有關於智慧測量顧客情緒的技術。

第四，營運管理

基地台建設是通訊商營運管理中的重要模組，如何進行基地台選址一直是讓通訊商頭疼的問題。而利用大數據技術，通訊商則可以利用對顧客的流量消費情況、使用週期、位置特徵進行分析，找出 2G、3G 的高流量區域，佈局 4G 基地台和 WLAN 熱點的建站工作。另外，通訊商還可以建立一套評估模型，對已有基地台的營運成本和效益進行評估，找到那些效益較差的基地台

並關閉。事實上，確實有些公司為了完成業務指標將基地台建設到了人跡罕至的地方。

除了基地台位置之外，通訊商還能夠利用對某塊區域的流量使用時間進行分析，根據時間預測出基地台的容量，並對基地台資源進行動態的優化調整。例如，可以在白天對商業區多配置一些資源；而對於住宅區，則可以在晚上多配置一些資源，提高基地台的運行效率。

擁有巨量大數據的通訊商絕不應該在大數據時代走向頹敗，關鍵在於，在傳統業務逐漸被網路企業侵蝕的當下，通訊商必須儘快抓住自身豐富的資料資源，依靠大數據達成轉型。

社交是人們日常生活、工作的必備環節，沒有人可以總是蟄居在家，更沒有人可以不用手機、不用網路。在這樣一個資訊爆炸的年代，社交通訊的重要性越發凸顯。當大量的資料資源都集中到社交通訊中時，深諳大數據取勝之道的我們，自然不能夠放棄這樣一塊大數據寶地。

社群平台上蘊含著豐富的大數據寶藏，尤其隨著微博、微信、貼吧等坐擁數億使用者的社群平台逐漸開放自身的大數據資源，這就像打開了礦山的大門，我們接下來要做的就是去尋找自身所需的寶藏。在大數據時代，每家重視資料資源的企業都已經開始對自身的商業資料進行大力探索，而單純的商業資料不可能告訴我們有關顧客的全部，只有結合社交資料使用，我們才能建構出有關於顧客的「三維模型」，做到精準行銷。而社群平台的傳播性與交互性也為精準行銷帶來了無限的可能，社會化精準行銷、事件行銷、粉絲行銷等「一本萬利」的行銷方式因此得以達成。

面對網路企業的侵襲，通訊商正處於「管道化」的困局當中，擁有豐富大數據資源的通訊商們，如果還在簡訊、通訊業務上止步不前，無疑是使自己陷入泥淖，轉型為大數據企業是通訊商達成自我救贖的唯一出路。

廣告媒體：

讓廣告只給有需求的
顧客看

廣告媒體總是最先跟上時代步伐的產業。而在大數據時代，廣告
媒體是否能適時完成自己的「華麗轉身」呢？答案當然是肯定
的。「讓廣告只給有需求的顧客看」是廣告媒體的最高境界，大數
據則讓這樣一個遙不可及的夢想走入到了現實當中。下面我們就
來看看在這個不一樣的時代中，廣告究竟會發生怎樣的變化呢？

9.1 不一樣的時代，不一樣的廣告

隨著網路以及行動網路的快速普及，我們的生活正在從單純的「一維空間」走向「二維空間」—網路 + 實體。網路的出現打破了時間與空間的隔閡，大數據的崛起，更是賦予了網路全新的含義。而在這個不一樣的時代中，廣告也開始變得不一樣。

大數據是資料時代的一座寶山，我們可以從中探索出任何我們想要的東西。而對於廣告媒體而言，在經歷了大眾傳播和分眾傳播的此起彼伏之後，針對每個顧客個人的精準行銷開始走向流行。利用對顧客個人資訊、興趣愛好、消費習慣、價值導向等各種資訊資料的探索，廣告媒體完全可以達成向每個顧客發送極具針對性的廣告，降低廣告的無效損耗，大大地提高投放者的投資回報率。

「廣告，也可以是生活中的一部分。」1 月 21 日，微信團隊向其超過 6 億的註冊使用者發送了這樣一條推廣資訊，並開始測試朋友圈的廣告功能。1 月 25 日，BMW 中國、vivo 手機、可口可樂 3 個品牌的首批微信朋友圈廣告上線，這也迅速成為了當時朋友圈的焦點話題。

在朋友圈廣告上線之前，就有傳言稱，微信朋友圈廣告是針對每個使用者的消費能力所作出的定向推播，也因此，當首批三個品牌廣告上線之後，一則關於朋友圈廣告的段子也迅速流傳開來—「年收入 100 萬元以上，消費能力強，收到的是 BMW 廣告；買不起 iPhone 6 但買得起小米的，收到的是 vivo 廣告；連小米、甚至紅米都買不起的，收到的是可口可樂廣告……」

一時之間，微信朋友圈廣告成為網友們熱議的話題，既有收到 BMW 廣告者的截圖「炫富」，如圖 9-1 所示，也有其他人的自嘲或吐槽。在這樣的社交傳播中，三個品牌廣告也達成了兩次、三次甚至多次傳播。讓人厭憎不已的廣告一時間竟引起了廣大網友們的關注，這也讓很多廣告媒體感到疑惑。

據騰訊公司對外發佈的《微信廣告系統介紹》顯示，微信朋友圈廣告以 CPM（每千人成本）方式進行售賣：「若定向北京、上海兩座核心都市的使

用者，每千次曝光價格 140 元人民幣；若定向其他一二線重點都市的使用
者，每千次曝光價格 90 元；若不定向區域推播，每千次曝光價格為 40 元；
如果廣告主在此基礎上還需要定向性別推播廣告，價格將上漲 10%。」按照
這樣的方式計算下來看，相當於使用者每看一次有廣告的朋友圈，微信就會
向廣告主收取至少 4 分錢的費用。還有消息指出，微信在未來還可能採取按
照使用者點擊量收取廣告費用的模式，甚至打通廣告與微店的連接。據測
算，在 2015 年，微信朋友圈有望為騰訊貢獻超過 100 億元人民幣的營收，
如圖 9-2 所示。

圖 9-1　BMW 在微信朋友圈推播的廣告

圖 9-2　微信的廣告策略

微信朋友圈廣告只是新時代廣告媒體變化的一個突然案例。事實上，在大數據時代，巨量的資料將給廣告媒體帶來無限的可能。但毫無疑問的是，傳統廣告媒體的效果將越來越小。與傳統廣告憑藉創意、策略、覆蓋廣度進行傳播的方式相比，大數據時代的廣告媒體將能夠真正地做到以技術為驅動，利用對大數據的探索，達成對特定受眾的個人化傳播。

自 1979 年中國第一支電視廣告出現至今，中國的廣告媒體已經經歷了 30 多年的大發展。在這 30 多年間，中國廣告媒體已經達成了幾次跨越式的發展。無一例外的是，這些發展都離不開新技術、新管道的驅動。而在大數據時代，當大數據、雲、物聯網等新興技術出現之後，廣告媒體自然會再次迎來巨大的變革。下面是打造不一樣的廣告的三條建議，如圖 9-3 所示。

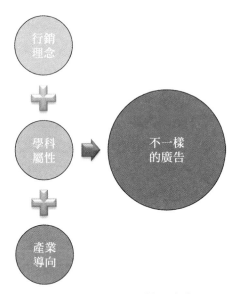

圖 9-3　打造不一樣的廣告

第一，行銷理念：品牌行銷轉向效果行銷

在電視、廣播等傳統媒體廣告中，我們利用增加廣告品牌的曝光度，以提升其知名度與美譽度，塑造出一定的品牌影響力，進而達成產品銷量的增加，這正是一種品牌行銷的理念。而對於品牌行銷效果的衡量，則需要在事後進

行抽樣調查。在過去那樣相對簡單的商業環境中，品牌行銷的方式確實推起了大批的知名品牌。

而隨著受眾媒介接觸習慣的劇烈變化，以及品牌競爭環境的日益複雜，廣告媒呈現如今如果還想以曝光度取勝，無疑是一件「吃力不討好」的事情。在今天，每個人每天都要接收大量的資訊，有些訊息可能一閃而過就忘了，有些訊息甚至早早被我們手動遮罩了。在這種情況下，傳統廣告的行銷理念自然難以生效。

而在大數據時代，藉由網路平臺，新型廣告媒體能夠憑藉自身特殊的媒體特點以及技術優勢，在受眾的廣告點擊、消費購買等效果方面做得更為清晰、準確，廣告傳播將迎來由「大眾」到「分眾」，再到「個眾」的大變局。這就是效果行銷的理念核心。

第二，學科屬性：社會學科轉向自然科學

傳統的廣告學需要懂得傳播學、經濟學、心理學、市場行銷學等各方面的學科知識，廣告學是一門強調傳播傳播策略、廣告創意、抽樣市場調查的社會學科。而在大數據時代，技術將成為新型廣告學的核心要素，公共關係、管道資源、資金實力將不再成為廣告學的第一要素。大數據時代廣告的成功與否，在於廣告媒體是否懂得以各種演算法、機器等資料技術採集並深度探索大數據以達成價值行銷。技術成為新時代廣告學最重要的產業門檻。

第三，產業導向：媒體本位轉向受眾本位

如果我們對於過往的廣告產業鏈的作業流程有個整體的認知，就會發現以前的廣告都是圍繞著「媒體」在轉，即關於媒體方的時間與空間的商業交易，誰佔據了最好的廣告時段或版面、位置，誰就能離顧客更近。

大數據時代帶來了 RTB（即時競價）廣告的興起，這種在每個廣告展示曝光的基礎上進行即時競價的新興廣告類型，使得廣告產業的核心開始圍繞著

「受眾」轉，企業向廣告媒體提供明確的「受眾標籤」，廣告媒體則提供相應受眾的點擊流量。

大數據時代的到來，讓各行各業都迎來了一場大變局，尤其是在廣告媒體產業，大數據的精準性、預測性能夠在廣告媒體中得到完美的運用。我們必須懂得如何利用這樣的契機，以不一樣的廣告，贏得這個不一樣的時代。

9.2　如何讓廣告只給有需求的顧客看？

廣告媒體對於大數據的熟練運用，不僅能夠讓廣告的投放更為精準，甚至能夠做到讓廣告只給有需求的顧客看。

百度搜尋是中國最大的搜尋引擎，百度也因此成為中國網路三巨頭之一。很多人可能會疑惑，作為一個搜尋引擎，百度的收入到底從哪裡來呢？是廣告。我們在百度的首頁上其實是看不到廣告的，但仔細分析，我們卻能發現百度其實無處不廣告。

第一，百度右側廣告

每當我們在百度搜尋一個關鍵字之後，搜尋結果頁面的右側都會出現一些廣告訊息，而這些廣告訊息其實是暗藏玄機的。只要做幾個簡單的實驗，我們就會發現，百度會根據你搜尋的關鍵字推播相匹配的廣告，例如搜尋「廣告」，右側就會出現一些廣告公司的資訊；搜尋「旅遊」，就會看到各種旅行社和旅館；如果搜尋「北京」，會出現北京醫院或北京景點的圖片……如圖9-4 所示。

這樣根據關鍵字即時推播廣告的形式大大提高了廣告推播的準確性，也讓百度能夠將同一版面賣給不同的企業，在「重複收費」中大幅度創收。但有很多時候，使用者只是出於工作需要對某些關鍵字進行檢索，可能並不是真的對這些內容感興趣，在這種情況下，他們看到百度右側廣告也會視若無睹。

圖 9-4　百度的廣告

第二，百度聯盟廣告

既然百度已經能夠達成在百度搜尋上按關鍵字即時推播，那是否在別人的網站上也做到此點呢？正是基於此想法，百度開發了一套程式，以百度聯盟的形式在其他網站上根據網頁關鍵字顯示廣告，該程式能夠為網站提供各種尺寸的代碼，加入百度聯盟的網站只需將這些代碼放在網頁的相應位置，該代碼就會根據頁面展示的內容提取關鍵字，並自動進行分析與分類，在網頁上推播相關的廣告，而對於這些關鍵字的設定也可以由廣告主自行設定，如圖9-5 所示。

這樣一來，百度能夠在對應的網頁上為使用者推播對應的廣告。畢竟，使用者很多時候會直接打開自己感興趣的網頁，而不會將百度搜尋作為入口，而百度聯盟廣告則能夠在這種情況下有很好的發揮，這就是真正地將廣告呈現在了有需要的人面前。

圖 9-5　百度聯盟

第三，百度頻道硬廣告

在大數據時代，搜尋無疑為廣告主產生極大的廣告效果，因為當一個人對某個產品進行搜尋時，他們存在消費欲望的可能性會比其他人多得多，這就讓百度競價排名變得火爆起來，各大企業都想成為關鍵字的第一名。然而，單純的競價排名還不能夠完全將百度的廣告商轉化為金錢，因此，百度又開始了思考。

百度有句頗讓百度人自豪的廣告詞─「百度一下，你就知道」，但立足於大數據時代，百度正在努力達成「百度一下，就知道你」。每天有數以億計的使用者在百度上進行搜尋，百度又如何將每個使用者分辨清楚呢？畢竟，大部分的人使用百度是不會登入帳號的。

為了做到此點，百度依靠大數據技術開發了一套這樣的分析系統：例如，你之前從來沒有使用過百度，但你在 2015 年 1 月 1 日在百度上搜尋了「豐田」，系統就會產生這樣一條記錄─「姓名：未知；年齡：未知；職業：未

知；搜尋關鍵字：豐田；分析結果：愛車或有買車需求或從事相關職業；IP 地址：202.128.000.118；時間：2015.1.1……」由於大多數人都會在自己的電腦上進行搜尋操作，所以 IP 位址可以成為一個可靠的身份辨識標誌，而當使用者多次在同一 IP 上使用百度搜尋時，百度就可以對使用者模型進行不斷的完善，並找出差異點，使得這個模型更加準確。

然而，正如前文所說，有的使用者可能並不是因為對產品感興趣而進行搜尋，只是單純出於工作需求，這樣一來，「百度蜘蛛」就能夠發揮自己的作用，它會跟蹤使用者在搜尋之後的行為，甚至會記錄下使用者打開某個搜尋結果之後會在多長時間後關閉，依靠對於這些行為的準確分析，百度能夠精準地分析出使用者到底對什麼感興趣。

讓廣告只給有需求的顧客看，是每個廣告媒體夢寐以求的結果。在大數據時代，此夢想將成為現實，關鍵則在於廣告媒體懂不懂得運用大數據時代的武器，如圖 9-6 所示。

圖 9-6　廣告媒體在大數據時代使用的武器

第一步，搜尋引擎精準行銷

在這個資訊爆炸的年代，顧客想要瞭解目標產品的各種資訊，就離不開搜尋引擎。搜尋已經成為顧客購買決策的必備環節，搜尋引擎也正在改變傳統意

義上的消費行為模型，並促進新型消費行為方式的誕生。也正是因此，百度作為中國最大的搜尋引擎，才能夠在掌握了使用者巨量的興趣和行為資料之後，將之用於精準行銷中。

搜尋引擎的精準行銷並不僅限於搜尋排名，早在 2012 年，百度就推出了備受矚目的「受眾引擎」。根據百度的描述來看，「百度受眾引擎以千億級別的使用者網路行為資訊作為大數據基礎，同時全面整合受眾的興趣點、搜尋關鍵字、瀏覽主題詞、到訪頁等資料資訊，進而描繪受眾自然屬性、長期興趣愛好與短期特定行為，最終使受眾特徵全方位立體地呈現出來。利用受眾引擎技術，網路推廣的受眾將不再模糊不清，而是可以被準確追蹤與清晰描述，因此能夠為顧客提供更精準的行銷服務。」

第二步，即時競價廣告

在網路普及的同時，廣告媒體已經將之當做廣告投放的新平臺。但在此進程中，大多數廣告媒體所採用的仍然是傳統的「內容關聯」投放策略，也就是根據網站內容與廣告訊息的關聯程度，來決定在哪個網站上投放廣告。例如，汽車品牌在投放門戶廣告時，更願意買下入口網站汽車頻道的廣告，手機廠商則看重 IT 或手機頻道。這種廣告投放行為背後的邏輯就是「某個領域的網站會吸引對某領域話題感興趣的受眾，這些受眾對於該領域的產品廣告自然也會更感興趣，因此，他們就是該領域品牌廣告的目標受眾」，此邏輯在本質上與電視、雜誌等傳統媒體的投放策略其實並無不同，其對於提高廣告投放的精準度和加強針對個體的廣告曝光度而言，並沒有實際意義上的作用。

即時競價廣告則是依靠搭建一個協力廠商廣告交易平臺，利用協力廠商技術在數以百萬計的網站上，針對每一個使用者的行為進行評估以及出價的競價廣告模式。即時競價廣告已經不是一種單純的廣告策略或廣告技術，而是一個立足於大數據的全新廣告交易生態系統。在一個完整的即時競價廣告流程中，我們可以將之分為五個環節：

1. 當使用者訪問某個網站時，該網站會自動就某個廣告位的展示內容向廣告交易平臺發送請求；

2. 廣告交易平臺收到請求後，會快速對該使用者的背景資料、網站資訊、廣告位資訊進行分析，並將之發送給參與競標的廣告主；

3. 廣告主根據相關資訊，判斷自己是否應該投標，並對此次廣告展示的價值進行準確評估，進行出價並發送自己的廣告創意；

4. 廣告交易平臺會選取出價最高的廣告主，並將其廣告創意發送給網站；

5. 網站向使用者展示競價成功的廣告創意。

說起來似乎是一個十分煩瑣的流程，但依靠網路與大數據技術，此流程的完成僅需 0.01 ～ 0.1 秒的時間。雖然這並不是真正的即時，但對於使用者而言，在這麼短的時間實在是可以忽略不計的。即時競價廣告不僅能夠幫助廣告主提高廣告的精準性，提升行銷投資回報率，也能夠幫助網站把瑣碎的空間化為流量，迅速獲取收入。

第三步，再鎖定精準行銷

大數據確實可以讓廣告主將廣告訊息推播到有需求的顧客面前，但這並不能說明廣告主達成目的 —— 銷售。而再鎖定精準行銷的重點正是產生網站或廣告的「回頭客」，並試圖讓那些曾經瀏覽過某個產品資訊卻沒有購買的顧客產生實際的購買行為，將潛在顧客真正變為自己的購買顧客。

再鎖定精準行銷時，廣告媒體會利用廣告網路獲取各種網路媒體資源，並利用電子商務等平臺達成與顧客對接。廣告媒體需要運用大數據技術，根據顧客的瀏覽記錄、訪問頻率、消費偏好等資料制定針對某個顧客的精準廣告，幫助廣告主與顧客重新建立聯繫，並按照點擊數或銷售量進行收費。

打個比方來說，某個顧客在京東商城上瀏覽了某款手機的頁面卻沒有下單購買，再鎖定精準行銷就會對顧客進行一系列分析並制訂具有針對性的廣告策略。這時候，當顧客再次登入網站，無論是京東、淘寶還是當當網，他都會

發現自己之前關注的那款手機正在進行促銷，或是價格優惠，或是增加增值服務，總之會讓顧客忍不住掏腰包買下手機。

如果廣告媒體懂得如何巧妙、充分地運用大數據技術，就能夠讓廣告出現在有需要的顧客面前—這也是廣告媒體所追求的最高境界。目前為止，也只有大數據能夠做到此點。

9.3 新媒體如何做精準行銷？

近兩年來，微博、微信、微電影、手機 App 等新媒體不斷出現，它們不僅極大地影響了人們的日常生活，也為廣告媒體的行銷方式和行銷傳播效果帶來了全新的契機。

相比於電視、廣播、雜誌等傳統媒體而言，新媒體在傳播速度、覆蓋面以及互動性上都有著突出的優勢。對於新媒體的應用，不僅能夠為品牌提供更多、更快捷的傳播管道，也能夠更大程度地改善顧客體驗，讓顧客利用新媒體對企業的管理水準、文化、品牌內涵有更直接的瞭解。

目前而言，主流的新媒體主要有三種形式。

其一，微博行銷

由於微博的互動性強、粉絲傳播速度快，微博行銷能夠迅速抓住受眾的興趣點，並結合自己的產品或品牌，製造話題增強成效。然而，由於微博字數的限制，使用微博行銷要注意文案設計言簡意賅。

其二，微信行銷

隨著行動智慧設備的快速普及，作為行動網路中最大的社群平台，微信早已不是單純的通訊工具，而成為了相當強大的精準行銷工具，大量企業早已利用公眾帳號、服務帳號在微信上做起了廣告。隨著朋友圈廣告的誕生，在騰訊大力發展微信平臺的同時，微信將成為新媒體精準行銷的主要平臺。

其三，微電影行銷

微電影是時下最流行的新媒體傳播形式之一，其簡單、易操作、易傳播的特點，讓微電影迅速成為眾多知名企業傳播推廣的利器。恒源祥曾經在網路上推出了《廣告的江湖傳奇》影片，幽默地對全球廣告的發展歷程進行了梳理，在為受眾帶來快樂的同時，也在潛移默化中對不同時期的恒源祥廣告進行瞭解讀，讓受眾對恒源祥有了一個全新的認知。

經過近兩年的快速發展，新媒體的精準行銷早已不是一個模糊的概念，大量的成功案例讓廣告媒體看到了新媒體的巨大價值，有鑒於眾多企業的諸多嘗試，我們也能夠清晰地認識到新媒體應該如何做到精準行銷，方法如圖 9-7 所示。

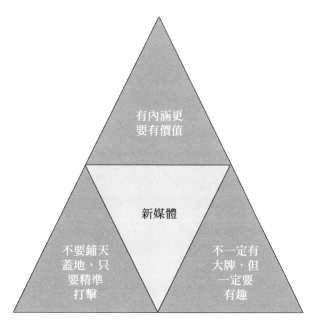

圖 9-7　新媒體做精準行銷的方法

第一步，有內涵，更要有價值

在精準行銷時代，廣告媒體必須賦予廣告更多的內涵，而不能再像過去那樣簡單地讓一線明星念出自己的名字。無論是「燈光美氣氛佳」，還是「居家外出必備良藥」，新媒體必須在文字與畫面上下一番工夫。然而，對於習慣了「速食主義」的現代社會而言，要從繁雜的文字與畫面中探索出廣告內涵，無疑是對顧客的一種考驗。

因此，在有內涵的同時，新媒體更要做到的是有價值。在「One cares one 買一贈一」的公益活動中，361°就將之打造成了自我宣傳的一個有效載體。「買一贈一」是中國傳統企業常見的促銷手段，但對於物質條件日益富足的顧客而言，此手段的有效性正在逐漸喪失。而在這次活動中，361°攜手NGO 中國扶貧基金會以及天貓，連結起都市白領階層與山區貧童，將他們的購鞋需求綁定在一起，利用這種方式呈現出「買一贈一」更大的精神價值。

第二步，不求鋪天蓋地，只要精確打擊

很多傳統媒體所慣於採用的傳播模式是鋪天蓋地的宣傳，在大把砸錢之後，顧客無論走到哪都能看到自己的廣告訊息，這對於廣告主的財務能力無疑是極大的考驗。而隨著網路以及行動網路的飛速發展，傳統的電視、報刊、戶外媒體的作用逐步降低，新媒體已經不再著眼於將廣告覆蓋於數億人群，而是依靠大數據技術進行精確打擊。

聯想就以「魔獸音樂會跨界推廣」為新媒體提供了一次成功的「精確打擊」案例。遊戲音樂歷來是極具創新力的一個藝術領域，而一個成功的遊戲，更能夠讓數以億計的玩家說明其推廣遊戲音樂。魔獸世界是全球最著名的網路遊戲，在中國有著接近 3 億的玩家使用者，而聯想則是目前世界上最大的PC 廠商，在這種強強聯手中，聯想以音樂會的形式為魔獸世界玩家帶來了一次震撼的體驗，也造就了聯想終結者 B 系列 PC 的暢銷。

第三步，不一定有大牌，但一定要有趣

對於廣告媒體而言，明星其實是一種十分珍貴的資源，一個明星在一個產業只能為一家企業代言，那其他的企業怎麼辦呢？傳統媒體不會管這麼多，他們習慣了讓明星為自己說話。而新媒體則反其道則行之，與其耗費大量的資金請一個明星來代言，不如設計幾個有趣的故事或自製影片，以有趣的內容贏得受眾的喜愛，並利用新媒體進行快速傳播。

碧歐泉就在「活出男人樣」的推廣過程中，推出了別出心裁的「男人型為學」，制定了一系列諸如「男人必修課」、「男人型動指南」、「男人型為規範」、「男人百科辭典」等趣味話題。用一種幽默的方式將現代精英男士的自我修養與保養結合在一起，讓人們在獲得了快樂的同時，也認識到了保養的重要性。回想近幾年來能夠給受眾留下深刻印象的廣告，趣味性是它們最大的共同點。

借著網路的東風，新媒體也得以應運而生。在大數據時代，依靠新媒體自身的諸多特性，新媒體能夠更加快速、輕易地將大數據融入進來，讓精準行銷變得唾手可得。

9.4　大數據如何讓傳統媒體達成精準行銷？

資訊的大爆炸為人類社會帶來了巨量的資料，大數據時代的到來，也讓精準行銷能夠成為現實。在「基因」作用下，新媒體在精準行銷方面有著得天獨厚的優勢，而傳統媒體則顯得更加無能為力。其實，在大數據時代，只要懂得如何對資料進行採集、分析、探索和應用，就能夠做到精準行銷，無論對新媒體還是傳統媒體而言，都是如此。

早在新媒體火爆之前，蒙牛酸酸乳就為廣告媒體上了生動的一課。蒙牛酸酸乳在推出之前就對自己的目標顧客有一個精準的定位，那就是當時正年輕的「八年級」。利用對各種市場資料的調查研究，蒙牛發現「八年級」有一個鮮明的特色，那就是追求個性、自我、潮流，他們是真正敢想敢做的「狠角色」，「秀出自我」可以說是此代人的時代宣言。也正是因此，蒙牛酸酸乳與當時最流行的《超級女聲》節目相結合，並在電視節目中頻繁地與觀眾進行互動，讓觀眾在欣賞節目的同時，也認可了蒙牛酸酸乳「年輕化」的屬性。

精準行銷與新媒體之間並沒有必然的聯繫，傳統媒體同樣能夠做出精準行銷。賓士就曾經做過一次活動，它邀請了 100 位車主來到自己位於德國斯圖加特的總部，參加一次「顧客洞察」活動。說白了就是賓士的設計師與車主們進行一次面對面的交談，對談的主題是下一代賓士 S 級車型的設計方案。賓士所邀請的車主並非只是賓士的顧客，也包括 BMW、奧迪等品牌顧客，賓士正是要讓這樣一群「成分複雜」的車主來對下一代車型的初步設計進行評判、給分，選擇合適的設計方案。

這不正是一次典型的精準行銷案例嗎？賓士所找到的顧客正是自己的精準顧客，賓士、BMW、奧迪是同一級別的汽車品牌，車主在這三大品牌之間「跳來跳去」也是司空見慣的事情；而這次整個流程其實就是一次群創設計的流程，利用讓精準顧客提供設計理念並對設計方案進行票選，當然能夠讓賓士的下一代車型快速得到顧客的認可。

信件同樣是傳統媒體中的一員，在網路時代，它披上了電子郵件的外衣，但仍然沒有改變其傳統媒體的屬性特徵。而在大數據時代，郵件行銷同樣能夠利用大數據技術達成精準行銷，如圖 9-8 所示。

圖 9-8　郵件行銷在大數據時代達成精準行銷的步驟

第一步，資料採集

郵件是傳統的一種廣告媒體，受眾在接收到郵件之後幾乎不會進行任何的操作，除了打開、關閉之外，就是直接扔到垃圾桶。但就是在這樣一個簡單的操作流程中，我們同樣能夠採集到大量的資料，如使用者信箱的打開次數、打開信箱的頻率、郵件屬性以及郵件接收頻率等資料指標。除此之外，我們還能夠從其他管道獲得一些關鍵性的資料，包括顧客的個人資訊、消費偏好等資料資訊。

第二步，資料收集

在獲得了關於使用者的各種行為資料和興趣資料之後，我們能夠以使用者資訊為標題，產生各種資料記錄，並運用大數據技術對使用者進行分類和分

群，根據郵件的四大資料指標為每個使用者打上不同的標籤，將之納入不同的使用者發送列表當中。

第三步，精準行銷

根據每個使用者的標籤不同，我們就能夠為使用者制訂出個人化的郵件發送頻率和內容，並根據使用者接收信件後的行為資料不斷調整資料庫，對使用者發送列表進行優化。這樣一來，我們的郵件發送頻率恰好是使用者打開信箱的頻率，這就表示使用者每次打開信箱看到的第一封郵件就是我們的，而客製化的郵件內容也能夠為使用者帶來極好的收件體驗。

現在有各種一站式郵件行銷平臺，傳統媒體利用這種形式煥發新的生機。一站式郵件行銷平臺能夠對郵件行銷效果進行即時監測，利用對郵件發送後使用者的打開情況跟蹤監控，一站式郵件行銷平臺也能夠更精準判斷使用者對郵件回應的時間偏好，進一步提高郵件發送的精準性。此外，一站式郵件行銷平臺還會在每封郵件發出之後，自動對發送效果進行評估，並產生分析報告，報告中詳細記錄了關於郵件發送總數、送達總數、退件原因、獨立打開總數、獨立點擊總數、郵件被轉發次數等各種資料，這也能夠說明廣告主對郵件行銷效果有一個準確的認知。

除此之外，郵件媒體還可以根據受眾的購買行為，以觸發式郵件為使用者推播具有針對性的郵件內容。例如，某個顧客購買了一台單眼相機，郵件媒體就可以將其歸類於單眼相機購買者群組，並根據過往資料分析出顧客可能在多久之後需要購買各種配件。這樣一來，顧客就會發現自己在購買相機後不到幾天，就能夠收到記憶卡、相機包等小配件的推播郵件；兩個月後，又收到了相機腳架等產品的推播；半年後，各種高畫質攝影機來到了自己的信箱……無論是關於哪個產品的推播郵件，都恰好出現在顧客需要它的時候，這就是大數據為傳統媒體帶來的精準行銷體驗。

郵件可以說是傳統媒體中最原始的一種傳播媒介，但依靠大數據技術，郵件仍然可以為廣告主達成精準行銷。其他傳統媒體，如電視、廣播、報刊、雜誌等，也可以從中吸取經驗，開啟自己的精準行銷之旅。

9.5　攻佔手機 App 流量入口

大數據崛起的一個重要背景就是行動網路的普及。如今，我們隨處可以見到排排坐的低頭族，他們或玩著手機，或看著平板，坐在電腦面前玩手機也已經成為常態。在流量至上的今天，誰掌握了流量入口，誰就將取得行銷新時代的勝利，而攻佔手機 App 流量入口將成為一場戰役中爭奪的焦點。

網路行銷已經成為如今最為重要的一種行銷手段。隨著大數據與行動網路迅速且猛烈的發展，網路行銷也進入了以使用者為核心的 3.0 時代。據 INMOBI 2014 行動研究報告顯示，中國行動網路使用者平均每天有效的媒體接觸時間為 5.8 小時。其中，行動設備接觸時長為 146 分鐘，占 42%；電腦為 100 分鐘，占 29%；電視 60 分鐘，占 17%—行動設備媒體接觸時間已經逼近電腦與電視媒體的總和。

在競爭日益激烈的廣告媒體市場中，對於廣告媒體而言，廣告投放的效果問題實際上就是流量的問題，「如何攻佔手機 App 的流量入口，並迅速將流量變現」成為網路行銷 3.0 時代最為重要的課題。

如今，各種各樣的手機 App 層出不窮，廣告媒體又應當如何利用大數據技術成為行動網路時代的王者呢？如圖 9-9 所示。

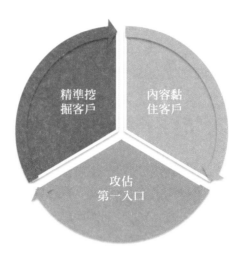

圖 9-9　行動設備廣告媒體運用方法

第一步，精準探索顧客

眾所周知，巨量的使用者表示巨大的行銷價值，而流量入口的價值也正是在於其背後的龐大使用者群。在網路行銷 1.0 時代，流量入口大多被各大入口網站所壟斷，而到了網路行銷 3.0 時代，流量入口開始呈現多樣化的趨勢，搜尋引擎、瀏覽器、輸入法等手機 App 都能夠為廣告媒體帶來第一手的資料。

• 記錄使用者操作行為。在行動網路時代，使用者可能不會在手機上進行太多的操作，更多是依賴手機瀏覽各種資訊，如微博、朋友圈、看新聞、看小說等，即使是發佈資訊也都只需要簡單幾步操作。這就需要手機 App 能夠在記錄使用者操作行為上做得更加細緻，如打開方式、瀏覽時間、評論、轉發等行為資料，都需要詳細記錄下來。只有如此，手機 App 才能夠運用大數據技術對使用者進行進一步的細分。

• 推播針對性的資訊。當手機 App 記錄下使用者的瀏覽行為之後，就能夠向其發送具有針對性的資訊。例如，在世界盃期間，使用者多次瀏覽關於巴西隊的資訊，App 可以自動歸類「巴西隊球迷」，並推播相關資訊。在此之後，App 還可以記錄一下使用者對於推播資訊的點擊率，對自身分析結果進行檢驗與完善。

第二步，內容黏住顧客

對於大多數顧客而言，廣告都是讓人頭疼的東西，尤其是在螢幕更小的手機上，顧客會千方百計地防止廣告進入自己的視野。在這種情況下，如何向顧客呈現廣告則成為一個關鍵問題。如果是以彈出廣告圖片這種粗暴的方式呈現，無疑只會遭到顧客的厭惡。

廣告主要根據此形勢，開發出更加新穎的廣告創意，以內容黏住顧客。有些微博當紅用戶，他們也會發佈廣告訊息，但他們的廣告卻不會招致粉絲的討厭，反而會拉近兩者之間的距離。為什麼？因為真正的硬廣告在他們所發布的訊息中只佔據極小的比例，有時候甚至會在發佈廣告之前發佈一則「警報」──「趕時間吃飯，現在要先進廣告」。

而廣告媒體開發手機 App 更是如此，我們所要做的更多是為顧客提供生活所需的服務，或者是顧客感興趣的內容，與此同時，以更為巧妙的方式，將廣告主的品牌、產品資訊融入其中。

第三步，攻佔第一入口

2014 年 7 月 8 日，羅永浩發售錘子 T1 手機；2014 年 7 月 22 日，雷軍將發佈小米 4 手機；2014 年 10 月 21 日，馬雲的雲 OS 作業系統聯合魅族發佈 YunOS 版 MX4；就連亞馬遜、樂視、騰訊都在醞釀自己的手機計畫……究竟是什麼讓各大網路公司紛紛做起了手機？是因為手機利潤高嗎？不是。目前全球智慧型手機市場上，99% 的利潤都被蘋果和三星收入囊中，手機的低利潤已是不爭的事實。

那麼網路公司究竟為什麼要做手機呢？正是為了搶佔行動網路的流量入口。很多企業在搶佔手機流量入口時，都是利用搭建自己的手機 App 進行的。為此，企業採取了很多方式來吸引顧客安裝，例如，下載送積分、幸運抽抽樂、手機專享折扣等。但對於顧客而言，如果這些 App 不是自己日常生活所需的，他們可能在獲得了好處之後，轉身就將 App 移除了；即使不移除，那些 App 也將被遺忘在手機當中，成為真正的「僵屍 App」。

在這種情況下，企業與其「吃力不討好」地花費大量資金開發一個 App，不如直接生產一個手機，並利用性價比、大螢幕、高像素等要素吸引顧客購買。畢竟，要論及行動網路的流量入口，手機才是真正的第一入口。而作為每個人日常生活必備的工具，手機也將為企業帶來大量的第一手資料，讓企業能夠立足於大數據時代，真正做到精準行銷。

「讓廣告只給有需求的顧客看」是廣告媒體的最高境界，大數據讓這樣一個遙不可及的夢想走入了現實之中。精準行銷將依靠大數據技術煥發出勃勃的生機，微信、微博、微電影等新媒體為精準行銷帶來了無限的可能，尤其是微信朋友圈廣告更是給我們帶來了極大的驚喜。隨著網路與行動網路的普及，傳統媒體似乎已經失去了存在的必要，受眾大多已經放棄了從傳統媒體獲得想要的資訊，但大數據則讓傳統媒體能夠在精準行銷時代達成轉型升級。廣告終於不再成為「人人喊打的過街老鼠」，廣告主與廣告媒介也將在大數據時代創造更美好的未來。行動網路與行動智慧設備的快速發展，讓手機成為重要的流量入口；而在「流量至上」的今天，廣告媒介的當務之急，就是攻佔手機 App，甚至是手機市場。

金融理財：

網路金融的顛覆與創新

網路是當今時代最大的一股顛覆力量，當網路產業顛覆了零售、
餐飲、出行等各大傳統產業之後，每個人都在問，它們的下一個
目標是什麼呢？出乎所有人意料的是，它們將目標對準了金融！
金融是傳統產業的老大哥，從來沒有人想過金融產業會被撼動甚
至被顛覆；但在網路金融的顛覆與創新中，傳統金融市場也被迫
走向變革。

10.1 網路改變了傳統金融市場的什麼？

網路的迅速普及，不僅改變了人們的生活和工作方式，也讓大批傳統企業走上了轉型之路。網路就像是一把逼著企業改變的利刃，當網路開始介入金融市場時，一切都發生了改變：網路不僅降低了金融市場的交易成本，並提高了交易效率，而且大幅度增強了金融機構對於巨量資料的收集、處理和探索能力，更為關鍵的是，網路打破了金融體系由少數機構壟斷的局面，如圖10-1 所示。

圖 10-1　網路打破了壟斷的銀產業

金融界各個大佬級的人物都對網路寄予厚望。比爾·蓋茨認為「傳統銀行不能對電子化作出改變，將成為 21 世紀滅絕的恐龍」；諾貝爾經濟學獎斯蒂格裡茨也坦言：「正是資訊科技的變化最終導致貨幣是交易媒介此觀念的過時」；招商銀行行長馬蔚華更是擔憂道：「以 Facebook 為代表的網路金融形態，將影響到將來銀行的生存。」中投公司副總經理謝平也發表了相同的感慨：「如我們的想像不夠遠，網路的發展就會超出我們的想像。」

傳統金融市場已經對於網路產生了畏懼之心，在眾多網路企業的虎視眈眈之下，以銀行為代表的傳統金融企業不得不開始改變自己，而這正是網路顛覆

傳統金融機構壟斷的初衷所在。那麼，網路到底改變了金融市場的什麼呢？如圖 10-2 所示。

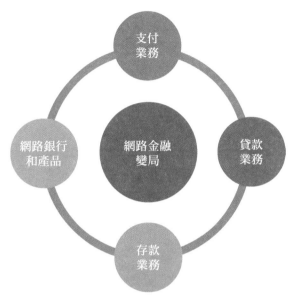

圖 10-2　網路金融變局

第一，支付業務—利用協力廠商支付積累資料

- 以協力廠商支付入場。早在 2003 年，阿里巴巴就推出支付寶，其初衷其實是為了方便顧客的網上交易；但隨著支付寶的不斷發展，在網路中，支付寶幾乎已經取代銀行的流通功能，成為網路交易最重要的支付手段。與此同時，拉卡拉、匯付天下、財付通等協力廠商支付平臺相繼誕生，也為顧客提供了更多的網路支付管道。

  經過 10 多年的發展，協力廠商支付的業務範圍已經基本覆蓋了所有支付領域，包括網路支付、銀行卡收單、生活繳費，等等，為電子商務、旅遊出行、網遊、電信、車險、考試等傳統支付領域提供更具效率的服務。支付業務並非銀行利潤的主要來源，銀行雖然推出了銀聯網路，卻一直沒有給予足夠的重視。

- 以資料積累為目標。支付業務本身雖然不是盈利的來源，卻能夠為企業積累大量的顧客消費資料和流通，而這正是開展其他金融業務的底層基礎。經過多年來的積累，協力廠商支付的服務已經擴展到基金支付服務、供應鏈金融服務、資產管理服務、外匯結算服務等領域，並已經佈局手機支付此未來戰略重地。協力廠商支付的主戰場仍然在於網路支付，而傳統金融機構想要在網路上打敗眾多網路企業，非常困難。

第二，貸款業務—在信貸市場「挖牆腳」

2010 年 3 月，浙江阿里巴巴小額貸款股份有限公司正式獲批成立。隨後，阿里信貸整合為阿里金融，為中小企業提供貸款服務。立足於淘寶平臺上的眾多微型企業，馬雲開始擠佔銀行主要利潤來源—貸款市場，阿里巴巴也踏出了顛覆銀行的第一步。京東、百度、騰訊也隨之進場，在網路金融的市場上展開角逐。

其實，網路企業進軍信貸業務，對於傳統金融機構而言並非一件大事。由於信貸業務通常具有高風險的特性，這本身就是為傳統金融機構所忽視的一塊市場，銀行更願意為資質優良的大企業提供貸款服務。因此，在各個網路信貸企業的誕生之時，這對於銀行而言其實是一件不痛不癢的事情。

但當網路企業憑藉巨量的大數據以及先進的大數據技術探索出一套全新的信用評估體系時，網路企業事實上已經把這塊雞肋變成了香草嫩雞。依靠大數據，網路企業甚至能夠做到比顧客更懂自己，他們自然也能真正瞭解到顧客的信用情況，而網路運作的高效率、低成本，也大大彌補了信貸業務高風險、低收入的缺陷。

第三，存款業務—抓住銀行的「命根子」

網路侵蝕看似沒有收入的支付業務，以及高風險的信貸業務，都得不到銀行的重視，那麼，當網路開始瓜分銀行最主要的資金來源—存款時，銀行終於坐不住了。

2013 年，餘額寶橫空出世，讓金融開始「飛入尋常百姓家」，一場民眾的狂歡由此掀開帷幕。隨著餘額寶的的迅速崛起，百度推出了百度理財，而騰訊微信開始向協力廠商支付平臺轉型，其他入口網站也推出了自己的網路理財產品。這邊各種寶字輩產品發展得如火如荼；那邊眾籌、P2P 等網路金融平臺也上演起群雄逐鹿的戲碼。當然，這些網路理財並非嚴格意義上的儲蓄、存款，但卻確實造成了銀行存款的流失，這無疑是抓住了銀行的痛腳；而網路金融的急速發展，也使原本就陷入錢荒的銀行，處境更是雪上加霜。

雖然各大商業銀行和基金公司也不甘示弱地相繼推出了各類「活期寶」，但仍然存在著一定的門檻，而且網路企業的搶佔先機，也讓傳統金融機構難以翻身。

第四，網路銀行和新型網路金融產品

更令傳統金融機構感到震驚的是，2014 年各大網路公司相繼遞交了成立民營銀行的申請。2014 年 7 月 25 日，騰訊占股 30% 的深圳前海微眾銀行已正式獲準成立；2015 年 1 月 4 日，微眾銀行在網路上發放了第一筆貸款。

在整個 2014 年，網路保險、供應鏈金融、京東白條、電影眾籌等各種各樣的網路金融產品層出不窮。事實上，網路已經改變了包括銀行、保險、基金、證券在內的傳統金融市場的生態環境，無論在哪個環節，我們都能看到網路在攪局。網路引導下的金融變局也由此進入高潮。

馬雲的帶頭攪局，以及眾多網路企業的進場，使得金融不再如以往那般高高在上，普通老百姓終於能夠從金融產業的暴利中分一杯羹。然而，一切還遠未結束！大數據和雲端運算技術的興起，讓人與金融能夠達成更緊密的結合，我們有理由相信，在不遠的將來，一個「人人能參與，人人能受益，一切皆在手中」的數字金融世界將會成為現實。

10.2　網路金融要精準人群，而不是精準媒體

網路的發展正在引導著傳統金融市場的深刻變革。網路金融從出生開始，就一直在吸引著眾多企業紛紛投身於此。金融理財也終於與網路結合在一起，成為升斗小民真正可以受益的管道。

層出不窮的網路金融產品憑藉著「高收入、低門檻、低費率」，甚至是「零門檻、零費率」的特點，招攬著自己的顧客。然而，當網路企業、傳統金融企業紛紛進場時，網路金融也從「人人有錢賺」的藍海市場，變為「瓜分大蛋糕」的激烈紅海。

面對如此巨大的市場競爭壓力，網路金融企業的行銷策略則成為致勝市場的關鍵。而精準行銷則是網路金融企業脫穎而出的重要法寶，畢竟，每種網路金融產品所針對的顧客都有所差異。而精準行銷則是幫助企業更精準地將其金融產品推播到目標顧客面前，同時以更為合適的創意和恰當的服務。吸引目標顧客注意產品，最後購買。

那麼，究竟應該如何達成精準行銷呢？很多企業選擇的方式是精準媒體。所謂精準媒體就是選擇有針對性的媒體進行行銷，例如，網路金融產品或服務需要找到專門的財經、金融網路媒體進行推廣。由於關注這些媒體資訊的人群多是對此有興趣或需求的人，因此，精準媒體在一定程度上能夠幫助企業達成精準行銷的初衷。

然而，精準媒體行銷仍然過於被動：同樣是關注網路金融資訊的人群，有的人是業內人士，有的人是有消費需求；有的人有錢，有的人沒錢；有的人風險承受能力高，有的人風險承受能力低⋯⋯媒體並不會在各個要素上都做出細分。因此，精準媒體雖然能夠將企業的產品或服務帶到關注者面前，但這些關注者中有多少是潛在顧客則無法得知。

網路金融企業必須要認識到，網路金融要精準的是人群，而不是媒體。企業最終的顧客是人，並不是媒體。因此，企業的精準行銷自然應該以人群為目

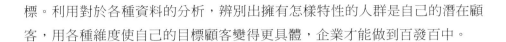

標。利用對於各種資料的分析，辨別出擁有怎樣特性的人群是自己的潛在顧客，用各種維度使自己的目標顧客變得更具體，企業才能做到百發百中。

跟隨著網路金融的大潮，網路投資理財平臺「愛投資」於 2013 年正式成立，其主營業務是為個人投資者提供投資理財類金融產品，這與絕大多數網路金融企業的業務並沒有多大的差別。

為了吸引顧客投資，愛投資最初選擇的行銷方式也與同行們一樣，以搜尋引擎和財經網站為主要投放對象。在大多數網路金融企業看來，那些會去搜尋關鍵字或者打開財經網站頁面的人，一定暗藏著企業的潛在顧客。然而，中國主流的搜尋引擎有百度、搜搜、搜狗、360 搜尋。中國主流的財經網站有和訊網、新浪財經、金融界、東方財富網。也就是說，數以千計的網路金融企業的廣告投放集中在這樣幾個搜尋引擎和財經網站上，引流入口的激烈競爭必然導致行銷成本的飆升，網路金融低成本的優勢也因而不斷被淡化。

這些企業並不明白，在大數據時代，網路金融需要精準的人群，而不是媒體。隨著企業規模不斷擴大，愛投資也發現了精準媒體的弊端，開始尋找更加高效的精準行銷方式，那就是精準人群。

愛投資找到了一家網路大數據智慧服務公司—集奧聚合（GEO），集奧聚合提供的服務正是運用非 Cookie 的資料技術，利用使用者的主動行為指數和特徵去篩選潛在的受眾。在與愛投資的初次接觸中，集奧聚合就為愛投資播放了一個 PPT，這個 PPT 詳細分析了愛投資現有的顧客是怎樣一個人群；除了愛投資之外他們還會去哪些網路金融網站；除了投資 P2P 之外，他們還對哪些金融產品感興趣。

愛投資沒有想到的是，立足於愛投資提供的自身資料以及搜集到的業內資料，集奧聚合就為愛投資提供了一份如此準確、詳盡、多維、動態的分析報告。雙方立刻達成了合作，於是，集奧聚合又對愛投資的目標顧客進行了更深刻的研究。研究發現：愛投資的目標顧客主要集中各大都會區；其上網時間主要集中在上午和晚上，尤其以晚上八點到十點這個時間段最為集中；目

標顧客所接觸的媒體更多的是搜尋、入口網站和影片，而目標群體指數則以手機搜尋和房產、生活類媒體為主；對於他們的投資產品關注度的研究結果是，與股票的關注度重合度最高……

掌握了這樣一份詳細的調查報告之後，愛投資也能夠對媒體和目標顧客行為有了更為廣泛的掌握和更為深刻的洞察，進行更為精準的廣告投放。具體而言，愛投資又是如何在與集奧聚合的合作中，做到精準人群的呢？

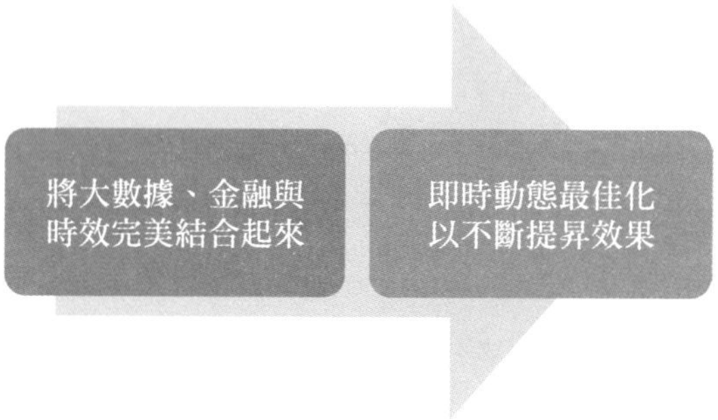

將大數據、金融與
時效完美結合起來

即時動態最佳化
以不斷提昇效果

圖 10-3　廣告商與網路金融公司的合作步驟

第一步，將大數據、金融與時效完美結合起來

* 以大數據提升時效。利用非 Cookie 網路使用者資料庫，集奧聚合為愛投資的目標人群做了一個量化定位：在一個月內訪問過 400 多家競爭理財網站的人群，以及訪問過理財內容網站、搜尋過指定關鍵字的人群。根據此定位，集奧聚合利用動態定向技術，調取了一個月內訪問競爭理財網站或理財內容網站以及一週內的搜尋行為資料，經過關鍵字排除和瀏覽資料排除，集奧聚合建立了一套完善的使用者模型，並進行適時優化投放。

  什麼叫適時優化投放呢？簡單來說，就是「即搜即投」。當使用者在任何搜尋引擎上搜尋了選定的關鍵字後，在此訪問相關廣告位上，就不再是隨機的某家企業的廣告，而會出現愛投資的廣告訊息。經過技術改進，這中間的時間差已經被縮短到了 24 小時以內。

利用對使用者的瀏覽行為定向，並輔以時間、地域、性別、職業等資訊定位，網路金融企業能夠精準地定位到人群，在精準媒體上向其投放針對性的廣告。

- 抓住金融的關鍵—時效。適時優化投放能夠將大數據、金融和時效完美結合起來，極大提高企業的行銷效率。而其中最為關鍵的就是如何縮短這個時間時隔，畢竟，在金融產業，時間的價值是最高的，而網路本身更是每分每秒都存在著巨大的市場機會。因此，網路金融企業一定要盡力提高「資料—策略」的轉換率；否則，等你把資訊推播到精準人群時，他們早已把手裡的錢投資到其他產品上了。

也正是明確了此關鍵點所在，集奧聚合不斷提高自身的技術手段。當使用者瀏覽了指定頁面或輸入了指定關鍵字後，系統會立即向這些人群進行智慧調度投放。另外，為了準確瞭解金融產品顧客的消費決策週期，也就是從接觸產品資訊到真正投資的時間，集奧聚合還在不斷嘗試用大數據分析影響顧客決策週期的因素，使得廣告投放更為適時。

第二步，即時動態優化以不斷提升效果

在傳統的行銷方式中，企業也會對其行銷策略進行調整，但這種調整往往需要在某一階段行銷結束之後才能進行；並且使用的也是傳統的市場調研方式，拿到調研結果之後，企業還需要進行人工調整。這樣的優化過程不僅耗時長，而且效率低，使得企業的優化調整難以達成更大的效果。

大數據帶來的即時動態優化，則能極大地提升網路金融企業的行銷效果。利用大數據，我們能夠迅速瞭解在廣告投放中，什麼樣的關鍵字組合和瀏覽轉址能夠帶來最多的流量、最優質的人群；之後，我們則能迅速優化目標人群模型，調整重點投放方向，設計出更合適的廣告創意，以吸引目標人群。

2014 年初，集奧聚合經過大數據分析，發現前兩個月中轉換率最高的人群大多具有一個共同點，那就是搜尋過黃金並訪問過黃金理財網站，愛投資收

到分析結果後立刻調整行銷策略，將行銷資源更多地調整到相應的媒體管道上，並針對黃金投資愛好者重新設計了廣告創意，其優化效果自然不言而喻。

網路金融企業在行銷過程中，一定要不斷提高自己的效率。在金融產業，時間就是金錢。精準人群可以幫助企業迅速找到自己的目標顧客，在精準媒體上投放具有針對性的廣告，以吸引顧客到自己的平臺並投資。

10.3　如何用大數據做 P2P 網貸？

當餘額寶、現金寶等寶字輩產品吸引了大眾的目光，P2P 網貸這項重要的網路金融產品，可能顯得低調了許多。但對於許多中小企業而言，P2P 網貸卻已經成為一個重要的融資管道—為企業解決融資問題，如圖 10-4 所示。

圖 10-4　P2P 網貸

在傳統金融市場的貸款業務中，尤其是銀行的貸款業務，中小企業是很難從中獲得貸款的；出於成本和風險控制的原因，銀行較願意為大企業提供貸款。

在傳統金融的貸款市場，由於金融機構大多是依靠借款人自己提供的各類資訊進行信用判斷，他們就需要付出高昂的成本從各種管道中辨別這些資訊的真偽性，而且傳統金融機構的貸款過程都需要人工參與。這不僅使得其貸款

效率極其低下，也使得道德風險大大增加。另外，在傳統的風險平局模型中，借款人的資產狀況評估所占比重過高，而借款人又很容易對各種資訊進行造假，這些都加大了中小企業的貸款難度。

而 P2P 網貸解決了這些問題：一、P2P 網貸以網路為業務平臺，這就解決了傳統金融機構營運交易成本過高的問題；二、P2P 網貸能夠為市場提供更多的流動性，由於 P2P 的核心價值在於呈現資產證券化，這就解決了企業資產與負債流動性不匹配的問題，使得流動性進入一個良性迴圈；三、P2P 網貸的服務物件正是傳統金融機構忽視的中小企業，這就使得整個貸款市場的規模變大了，而中小企業也得以找到自己的融資管道。

之所以 P2P 網貸敢服務中小企業，正是由於依靠大數據技術。P2P 網貸對於借款人的信用判斷，大多基於借款人日常生活中的交易資料和社交資料，例如，借款人每月支出金額大概是多少、支出用途是什麼、分佈情況如何、社交圈活動情況，等等。利用將這些資料連貫起來，企業能夠分析出使用者的諸多特性，分辨出借款人的實際財務狀況、還款能力、違約風險等資訊，進而降低中小企業貸款市場存在的信用風險。而更為關鍵的是，由於這些資料都是 P2P 網貸企業在大數據環境下，從各種管道收集分析的，其真實性也能夠得到極大的保證。

對於 P2P 網貸企業而言，大數據在風險管理管理上能夠發揮很強的作用，而另一方面，大數據也能夠幫助 P2P 網貸企業提高行銷效率，如圖 10-5 所示。

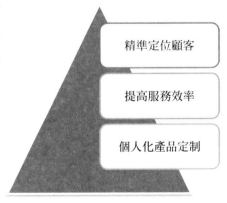

圖 10-5 P2P 網貸企業的大數據應用

首先，精準定位顧客

在 P2P 網貸市場上，宜信旗下的宜信宜人貸是一家表現頗佳的企業。創立於 2006 年的宜信公司是我國領先的集財富管理、信用風險評估與管理、信用資料整合服務、小額貸款產業投資、小微貸款諮詢服務與交易促成、公益助農小額信貸平臺服務等業務於一體的綜合性現代服務業公司。

依託於宜信公司 8 年來積累下來的豐富資料以及平臺本身所積累的資料資訊，宜信宜人貸對於大數據技術的初次嘗試，就落在了精準定位顧客上。

利用對顧客資質、還款能力、還款表現等多個要素，宜信宜人貸對目標顧客進行詳細區分，再結合這些顧客所處產業、收入水準、平均學歷等資訊，宜信宜人貸推出了全新的產品—「碼上貸」。「碼上貸」正是為「碼農」，也就是網路產業提供的貸款產品。事實證明，到目前為止，「碼上貸」的顧客申請與還款表現都非常良好。

其次，提高服務效率

對於 P2P 網貸企業而言，風險管理能力是考驗其市場競爭能力的關鍵，徵信是風險管理工作的重要組成部分，此環節在很大程度上決定了 P2P 網貸的風險管理效率以及服務效率。很多中小企業從 P2P 網貸貸款顧客的最大要求就是「快」，顧客希望能夠儘快拿到貸款，而 P2P 網貸企業又需要對其資訊進行仔細的衡量，這就要求 P2P 網貸公司要儘量做到徵信效率的最大化。

利用大數據技術，宜信宜人貸建立了一套精準徵信模型，根據借款人的資訊系統可快速準確的評分，進而得出審核結果。在此精準徵信模型的基礎上，宜信宜人貸於近期推出了「極速模式」借款服務。使用極速模式申請借款的顧客，只需要下載宜人貸借款 App，並進入極速模式，就可以利用簡單的三步操作，快速完成借款審核，並於 10 分鐘內得知審核結果。

如此極致的服務效率，自然能夠得到顧客的認可。對於那些急切需要貸款的中小企業而言，擁有極速模式的宜信宜人貸自然是最好的選擇。

最後，個人化產品定制

「新新貸」在中國 P2P 網貸市場同樣是第一波產品，而在大數據的應用中，新新貸做的更多是個人化產品的定制服務。打個比方來說，有一位借款顧客，已經在新新貸進行了兩次以上的借款，而且還款情況十分良好；那麼，新新貸就會對顧客的各項資料進行分析，根據系統模型為其量身定制出一套貸款方案；在這套方案中，利率、手續費、還款方式、期限、借款額度等都會呈現出更多的個人化特徵。

根據這樣一套個人化產品定制方案，新新貸甚至能夠做到在顧客自己還沒有發現有融資問題時，就提前推播為其量身定制的貸款服務。

對於 P2P 網貸而言，無論是在風險管理還是行銷環節，大數據都能夠發揮出巨大的作用，關鍵在於 P2P 網貸企業能否重視並使用大數據的力量。

10.4 協力廠商理財平臺如何吸引顧客？

面對股票、基金、貴金屬等投資物的吹噓，而新聞中又處處都是投資騙局，普通投資者已經迷失了方向，究竟應該如何選擇理財產品？究竟要去哪裡找到專業的理財顧問幫助自己？

正是在這樣的市場需求下，只賣規劃不賣產品的協力廠商理財平臺開始走向流行。所謂的協力廠商理財，就是指那些獨立的協力廠商理財機構，他們不代表銀行、保險等金融機構，也不直接銷售理財產品，而是在分析顧客的理財需求和財務狀況之後，向顧客提供科學、完善的理財建議，幫助顧客選擇合適的理財產品。協力廠商理財的賣點在於中立性和客觀性。

協力廠商理財在海外市場上其實已經發展很久。在美國，協力廠商理財機構擁有 60% 的市場銷售量，在香港地區也占到了 30%，但在中國地區卻連 1% 都不到。這就表示，協力廠商理財平臺在中國其實具有極大的市場空間。

然而，近幾年來，協力廠商理財平臺卻如雨後春筍般湧現，大有全民「協力廠商」之勢。之所以會如此，正是因為 2010 年 11 月 11 日，中國著名理財機構—諾亞財富投資管理有限公司成功登陸紐交所，市值達到近十億美元，如圖 10-6 所示。諾亞財富的成功讓市場看到了希望，於是紛紛跟風而起。

圖 10-6　諾亞財富

僅在 2010 ～ 2012 年的兩年時間裡，北京一地就冒出了四五百家協力廠商理財平臺，但這些所謂的協力廠商理財平臺大多卻是濫竽充數。正如大有財富總裁萬永旗所說：「資料肯定是不準確的，無論是誰都可以叫『三方』，沒有一個公認的標準。現在的統計是，只要賣過一單信託產品的就算。很多手裡有顧客資源的公司，甚至個人都來湊，我還見過房地產仲介來推銷信託產品的。」他說，「如果以有完整的前後台、至少能夠獨立發行一個產品為標準，北京協力廠商理財機構也就二、三十家。」

而這樣跟風而起的大潮中，我們也能夠看到各種協力廠商理財平臺倒閉的消息。他們有的是惡性倒閉，有的是乏人問津。那麼，協力廠商理財平臺究竟應該如何吸引顧客，來做出諾亞財富那樣的成績呢？

第一步，回歸協力廠商理財本質

協力廠商理財平臺本應該是只賣規劃不賣產品，但打開大多數的協力廠商理財平臺，我們都會發現，這些平臺幾乎都是只賣產品不賣規劃。他們大多會為投資者提供幾個投資產品，按照預期年化收入率的不同，投資門檻、投資

期限也有所區別。但有一個共性就是，投的錢越多、期限越長，預期年化收入率越高。然而，除了這些理財產品之外，沒有任何人為投資者做專業的理財規劃。所謂的理財顧問也就是簡單地詢問投資者閒置資金有多少、想要做多久的投資，而關於風險承受能力等資訊卻一概不管，得知了投資者的資金資訊之後，他們則一味推銷，說自己的公司多大、產品多安全、投資者已經有多少⋯⋯

面對這樣拙劣的推銷，投資者自然很難對其產生信任；而在理財這個市場上，信任才是關鍵；沒有信任，別人怎麼會願意將錢交給你呢？因此，協力廠商理財平臺要吸引顧客，首先要做的就是回歸協力廠商理財本質，以理財規劃為主業，而不是單純地推銷理財產品。在顧客上門時，理財顧問要詳細瞭解顧客的資產狀況、風險承受能力等資訊，再為其量身定制出一套理財計畫。如果公司連此點都做不到，那就不要怪顧客不信任你。

第二步，投入感情（圖 10-7）

1. 瞭解協力廠商理財的收費。在美國，協力廠商理財平臺的收費模式分為向顧客收費和向機構收費兩種。佔據主導的正是向顧客收費。由於美國的協力廠商理財平臺上大多有一些知名的獨立理財師，他們有著豐富的市場經驗和專業的理財能力，而美國理財市場又較為成熟。因此，會有很多顧客主動找到這些協力廠商理財平臺為其進行理財規劃，協力廠商理財平臺也得以直接向顧客收取費用。

圖 10-7　投入感情的方法

以美國知名理財公司柯契斯・菲茨財富管理公司為例，其收費模式就是單純向顧客收費，並細分為理財規劃服務費和顧客資產管理費：當顧客第一次來到公司做理財規劃時，公司會做一個完整的理財規劃和諮詢，並收取 15000 美元的理財規劃服務費，之後如果有新的問題或再次尋求服務，則採取按小時收費的方式；而在管理顧客資產時，公司也會按照資產規模大小收取 0.8% ～ 1% 的資產管理費，資產規模越大，費率自然越低。

2. 以免費作為「感情投入」。在中國，協力廠商理財平臺則無法採取向顧客收費的模式。即使是諾亞財富也表示：「即使諾亞定位於百萬階層以上的富人，給富人做理財規劃也無法收取諮詢費和會費。」之所以如此，正是因為協力廠商理財平臺的市場地位還不牢靠，市場培育還未完成，顧客對協力廠商理財平臺沒有足夠的信任也沒有足夠的瞭解，自然不會急著掏錢。

因此，協力廠商理財平臺在市場培育期想要吸引顧客，必須增加「感情投入」，採取向機構收費的模式，為顧客提供免費而專業的服務。等到公司擁有牢靠的市場地位並贏得一批投資者的信任時，則可以收取諮詢費、會費這種穩定的收入。

第三步，提升公司業務能力

協力廠商理財平臺的團隊配置主要分為三部份：顧客服務、理財顧問和產品研究。理財顧問是與顧客交流最為頻繁的一個環節，一個專業的理財顧問能夠為企業帶來大量的顧客，但企業卻不能太過依賴理財顧問。因為，一旦他們跳槽，那就表示企業會流失大批的顧客資源。為了降低顧客對理財顧問的依賴性，企業就不斷需要提升客服品質，讓客服定期對顧客進行跟蹤回訪，提升顧客對公司的依賴性。

衡量一個協力廠商理財平臺的關鍵正在於其研究部門。一個成功的協力廠商理財平臺，要能夠中立地為顧客選擇合適的理財產品。而在此之前，企業則

需要對自己的產品庫進行整理，剔除掉那些真實性低、風險無法判定的產品，以免顧客因此受損。

10.5 剖析眾籌模式的行銷模式

2014 年，眾籌的概念剛剛走入大眾視野就迅速走向火爆，眾籌這種一種行銷模式也逐漸成為市場潮流。阿里巴巴推出娛樂寶眾籌拍電影，微信朋友圈推出「眾籌邀約」功能，「放心保」眾籌賣保險，甚至賣襪子、開茶樓都與眾籌有關。

眾籌已經成為一種非常有效的行銷途徑，正如微信朋友圈中十分火爆的「集贊行動」，正是一種典型的眾籌模式。然而，眾籌本身只是一種融資方式，是「集中力量辦大事」的一種手段。在網路時代，眾籌迅速流傳開來，它利用的正是網路和社交傳播的特性，讓小企業、藝術家或者個人能夠向大眾展示自己的創意，贏得大眾的關注和支援，進而獲得資金援助，讓創意成為現實。相對於傳統的融資方式而言，眾籌更為開放，而且可以成為項目啟動的第一筆資金—只要創意能夠贏得部分人群的喜愛，眾籌融資如圖 10-8 所示。

圖 10-8 眾籌融資

隨著眾籌模式在國內外的迅速傳播，其蘊含的行銷潛力也不斷凸顯，甚至有人將中國式眾籌評價為「假眾籌、真廣告」。眾籌為什麼會從一種融資手段變成行銷模式呢？利用對眾籌全過程的研究，我們能夠輕易發現，眾籌過程就是一次與潛在使用者交流，並吸取意見優化創意的市場調研過程，而眾籌結果則是這份市場調研的結果。這種從金融到行銷的延伸，讓眾籌在為發起人獲得融資的同時，也擔任了新品上市、使用者參與、品牌傳播等多種行銷角色。

因此，我們也不得不承認，無論眾籌發起人的初衷是什麼，在整個眾籌過程中，網路的加速傳播都讓其成為一種行銷行為。下面，我們根據眾籌發起人的目的和玩法不同，對眾籌模式的行銷模式進行剖析。

第一，融資模式—新品曝光

眾籌在國內市場上出現已經有幾年的時間，但其真正進入大眾視野，卻是在阿里巴巴於 2014 年 3 月 26 日推出娛樂寶之後。對於普通投資者而言，娛樂寶似乎與餘額寶沒什麼區別，如圖 10-9 所示。投資者最低出資 100 元即可投資熱門劇作作品，其預期年化收入率是 7%。其實，對於娛樂寶，阿里巴巴希望將之打造為一個新型的理財產品，而不是眾籌項目。阿里巴巴相關負責人也強調：「眾籌項目不能以股權或資金作為回報，項目發起人更不能向支持者許諾任何資金上的收入，這與娛樂寶平臺上能提供預期資金收入的保險理財產品，有著本質區別。」但究其實質而言，娛樂寶正是一種典型的眾籌模式。

- 融資新管道。首批登陸娛樂寶的四部電影—《小時代 3》《小時代 4》《狼圖騰》《非法操作》—自然也得到了極大的關注。而可以預見的是，每部電影的投資者都很有可能在其上映時，成為真正的顧客。

  在此之後，大量涉及影音、藝術、文學、科研的眾籌專案日益湧現，其給予投資者的回報形式也不一而足，包括債券、股權、捐贈等各種形式。眾籌模式真正成為了個人或小型企業利用網路進行低成本融資的快速管道。

圖 10-9　娛樂寶

眾籌這種低成本的融資方式，有時候甚至會讓傳統企業感到不可思議。2013 年，著名自媒體「羅輯思維」推出了兩次「史上最無理」的付費會員制：普通會員，會費 200 元；鐵桿會員，會費 1200 元；成為會員不保證任何權益！如果有哪個傳統企業敢推出這樣的會員制，得到的一定是顧客的不屑和同行的嘲笑，但「羅輯思維」卻憑此籌集了近千萬元的會費！

- 新品好曝光。社群平台上有著大量的「意見領袖」，擁有大量粉絲的他們會在網上關注各種各樣的新事物。因此，如果你的創意足夠好，與其投入大量的資金進行宣傳，不如與這些「意見領袖」進行溝通，不僅能夠為你帶來極佳的推廣機會，也能收集到大量的使用者意見，改進。正如美國著名廣告公司 CP+B 副總裁兼創意總監馬特所說：「如果我們可以為這些活動帶來更多的關注度，並運用社群媒體吸引一些粉絲加入，這將比投資一些錢更有意義。」

第二，預購模式—顧客交互

- 使用預購模式。百度百科對於眾籌的定義是「用團購 + 預購的形式，向網友募集專案資金的模式」。此定義當然有些狹隘，但「團購 + 預購」確實是眾籌行銷的一種重要模式。

什麼叫「團購＋預購」呢？說白了其實就是一種預消費模式，企業給出產品創意和產品設計，顧客看了滿意之後紛紛掏出腰包，企業拿到資金之後再製造產品給顧客發貨。

- 會群創設計。在眾籌的行銷模式中還有一種叫做群創設計。打個比方來說，一家服裝生產企業想要生產「個人化訂做 T 恤」，然後邀請不同的顧客參與到 T 恤的設計中來。在不斷的交流過程中，企業決定了 T 恤的設計方案，企業的品牌形象也已經慢慢地深入到顧客的心中。這同樣是企業在新品上市前所能夠使用的一種極其有效的行銷手段。

- 用預購和群創達成顧客交互。當預購模式與群創設計相結合時，整個眾籌過程實際上也就是顧客的一次 DIY 過程，顧客自己設計自己掏錢，然後企業拿著設計方案和資金去生產，生產出來的產品自然不愁沒有銷路。在網路時代，顧客的需求趨於個人化和碎片化，而當這樣的顧客掌握著市場的發言權時，誰能夠滿足顧客的需求，誰自然就能夠贏得市場。

2013 年，樂視 TV 推出樂視盒子時，採用的正是預購模式。樂視 TV 首先將樂視盒子的產品設計方案公之於眾，然後開始預購。而在此過程中，樂視 TV 首先對自身的產能進行精確的判斷，明確告訴顧客下單後需要多久可以拿到產品，樂視 TV 也會根據付款的先後順序進行發貨。

據樂視 TV 介紹，在下一階段的產品銷售中，樂視 TV 將實行「客制化 DIY」模式，這其實就是一種典型的群創設計與預購模式的結合。在產品的設計、研發、傳播、銷售等各個環節，都有顧客深度參與的身影，顧客玩得開心，自然也買得放心。

麥開網是深圳一家使用物聯網技術的社群網站，他們最新開發出來的產品是一款名為 Cuptime 的智慧水杯，如圖 10-10 所示。這款水杯內建智慧晶片和感測器，它不僅可顯示水溫、水量等資訊，也能夠利用搭配的手機 App，檢測使用者的日常飲水量，並幫助使用者制訂智慧飲水計畫，在生活中形成良好的飲水習慣。這款產品目前利用眾籌模式籌集了超過 130 萬元的預購資金。

圖 10-10 　Cuptime 水杯

當初，在眾籌平臺上共計有 7000 多個項目，而 Cuptime 卻能夠成為其中的佼佼者，其關鍵原因就是麥開網在眾籌的過程中不斷提高顧客的參與感。正如麥開網創始人李曉亮所說：「實際上我們參加眾籌並不完全是為了銷售Cuptime，還希望更多地聽取使用者的意見。當時 Cuptime 在點名時間的討論區，是有史以來最熱的一個，使用者增強了參與感。產品的最終落地，也有他們的想法、功勞。所以他們對 Cuptime 特別有感情，願意把它分享給自己的朋友。」

眾籌模式的行銷模式的成功的關鍵，在於提高顧客的參與感。而在預購模式中，顧客能夠與開發者進行直接的互動，這能夠使其產生強烈的參與感，甚至對你的企業和品牌產生極深的感情，這對於產品以及企業品牌而言，具有極深遠的影響。

第三，贊助模式─主動傳播

在傳統的眾籌模式中，行銷通常顯得過於被動，眾籌發起人將項目發佈在眾籌平臺或者社群平台上，然後等著顧客關注並投資。即使企業找到平臺上的「意見領袖」進行推廣，也要付出一定的代價，那麼，是否有方法讓顧客幫助企業進行主動傳播呢？

- 社群平台上的贊助模式。隨著社交網路的興起，微信集讚、微博集轉發活動也相繼流行，而這何嘗不是一種眾籌模式？在眾籌模式的行銷模式中，眾籌發起人所籌集的已經不局限於資金，也包括關注和傳播。在微信集讚、微博集轉發等活動中，人脈事實上成為了顧客的一種籌碼，企業利用贏得顧客的認可，讓顧客主動在自己的人脈圈中傳播，一傳十，十傳百，企業得到了宣傳成效，顧客獲得了優惠，這就是贊助模式的行銷效果。

- 贊助模式帶來主動傳播。贊助模式的成功離不開社群平台。正是利用社群平台上的人際關係網路，企業才能在贏得某個人或某一群人的支持後，以優惠購買或是贈送產品的形式，推動顧客在自己的社交圈中進行傳播。眾籌的關鍵在於眾人參與，而社群平台作為眾人分享與轉發的平臺，自然能夠成為企業推動顧客主動傳播的利器。

在 2014 年巴西世界盃召開前夕，樂視網曾經高調登入眾籌網，向 1 萬名球迷每人籌集 1 元資金，作為樂視網的世界盃推廣資金。根據樂視網的承諾，只要在限定期限內，該項目能夠得到 1 萬人每人 1 元的贊助，樂視網就會支付剩餘簽約費，以邀請 C 羅作為樂視網世界盃的代言人。事實上，總計 1 萬元的資金能夠邀請到 C 羅做代言嗎？不可能。樂視網的世界盃推廣資金差這 1 萬元嗎？不可能。樂視網之所以推出此項目，其實就是利用眾籌模式在眾籌平臺上做行銷。

眾籌模式本身雖然是一種融資模式，但在網路時代下，眾籌模式卻成為最新潮的一種行銷模式。然而，並非每個專案都適合眾籌模式的行銷模式，企業在選擇此行銷模式之前，一定要明確哪些項目不適合眾籌？

其一，企業間合作的專案。眾籌模式從本質上來說，以具有創意的產品吸引顧客投資、預購或者傳播。在大部分情況下，顧客之所以會參與到眾籌項目當中，是因為他們個人對此感興趣，或者覺得這個項目有價值，能夠引發他們內心的共鳴。而企業間的項目則較為複雜，也趨於理性，是不適合眾籌模式的。

其二，資金需求大的專案。由於眾籌模式的成功是在於專案創意對個人顧客的吸引，其中存在著較大的投資風險，顧客也不會投資大量的資金。眾籌模式更適合為企業籌集「種子資金」，這樣一來，企業眾籌項目的募集資金最好在 50 萬元人民幣以內。如果大於這個數字，則應該選擇傳統融資管道。

其三，研發時間長的項目。投資者在投資之後，希望在很短的時間內看到成果，看到自己喜歡的創意變為現實。因此，如果你的項目研發週期長，眾籌模式仍然不適合你，個人顧客大多缺乏這樣的耐心。

其四，複雜的項目。眾籌平臺上的投資者大多是普通投資者，如果眾籌項目過於複雜，充斥著大量的專業術語，那麼，顧客很難理解項目的核心內涵，自然沒有理由投資。

眾籌模式作為最新潮的一種行銷模式，確實能夠為企業帶來極佳的行銷效果，甚至為企業籌集大量的資金、關注和創意，但企業也不能盲目使用眾籌模式的行銷模式。

在網路金融迅速發展的今天，一味故步自封只能讓自己困死原地，只有顛覆與創新才能贏得市場先機。在「捨得一身剮敢把皇帝拉下馬」精神的支持下，網路將成為金融市場最大的顛覆力量。在微型企業幾乎無緣各大銀行貸款的時候，各種小額貸款企業的蜂擁而起，如何進一步獲得龐大的市場？在人們重視理財，不再抱著財富等待貶值的今天，真正為顧客帶來利益的網路理財市場，又該如何吸引那些手裡攢著金錢到處謀求生財之路的顧客？網路與大數據給我們帶來了答案，而我們要做的則是秉持顛覆與創新的精神，手持網路與大數據的利劍，向傳統金融市場一較高下。

醫療服務：

讓每個人都有自己的
專屬醫師

每個人都希望能夠健康長壽，但醫療資源卻難以集中到每個個體身上。隨著大數據時代的來臨，當大數據與醫療相互碰撞時，醫療服務將迎來一場巨大的革命，每個人都有自己的專屬醫師將不再是一個遙不可及的夢想。

11.1 大數據真的可以預測醫療方向嗎？

大數據作為最新的一種技術手段，已經成為新時代的標誌。在生產、餐飲、零散、娛樂，甚至是金融等各行各業，大數據都有著驚人的表現。而在醫療產業，大數據是否能夠為救死扶傷做出貢獻呢？

面對突如其來的疾病，無論是病人還是醫院，往往都會猝不及防，有時候時間上的一點點耽誤，都可能造成治療的延誤，甚至會導致生命的消逝。而在大數據時代，此情況是否能夠得到改善呢？

根據《商業週刊》的報導，美國卡羅來納州的醫療系統開始利用大數據技術進行高危病人的醫療防範工作。針對卡羅來納州將近 200 萬的高風險病人，醫療系統將資料登錄到一套演算法當中，對病人的發病機率進行評估；當發病機率到達警戒線時，醫院則會迅速對病人進行健康檢查，爭取在病人發病之前採取必要的醫療措施。

卡羅來納州醫療分析臨床總監蜜雪兒在介紹這套系統時說道：「卡羅來納州當地的連鎖醫院將大數據納入預測模型，可以為病人進行風險評分。」舉例來說，針對一個哮喘病人，醫院會對他的各項身體指標進行衡量，包括是否加大藥物劑量、是否曾購買香煙、是否居住在多花粉區域，等等，計算出病人需要急救的機率。而這些資料基本能從病人的公共記錄中獲得，例如商店交易、信用卡購買記錄，等等。

麥肯錫也在預測報告指出，隨著醫療產業邁入大數據時代，排除體制障礙的前提下，大數據分析技術能夠幫助美國的醫療產業在一年內創造 3000 億美元的附加值。在未來，大數據技術甚至可能會扮演醫療先知的角色，將各種悲劇的發生機率降至最低。甚至有人提出：「在醫療產業，大數據所能做的不僅是預測疾病的發生，更能夠預測醫療產業的發展方向。」很多人對此表示不屑，但現實卻正是如此。

依靠大數據技術，醫療產業能夠從大體、高複雜的私密或公開的醫療資料中探索價值，相關的醫療技術、產品不斷湧現，加速了各種醫療猜想、發現轉化為醫療實踐的效率，將醫療產業推向一個嶄新的黃金時代。

原因如圖 11-1 所示。

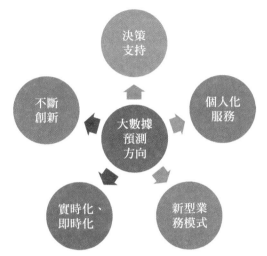

圖 11-1 　大數據對醫療產業產生重大影響的五個因素

原因一，大數據為決策提供更多支援

大數據技術對於科學決策的支援作用已經無須贅述，而隨著醫療和健康資料的急劇增長，利用影像、病歷、檢驗檢查結果、診療費用等各種資料，醫院可以對其進行篩選和分析，讓大數據技術對科學決策的支援作用得以發揮，此技術手段甚至能夠為廣大患者、科研人員以及政府決策者提供服務和說明。

原因二，大數據提供更多個人化服務

依靠大數據技術，醫療決策者可以收集到全社會的相關資料，更早地預測到某地區即將爆發的某種傳染病，以及其傳播範圍和規模，而針對不同體質人群對該傳染病的反應，醫療系統也能夠為之提供更具個人化的服務，或提

醒、或推薦藥物、或播種疫苗、或採取隔離手段，降低傳染病對人們的影響，甚至能夠將傳染病消滅在爆發之前。

原因三，大數據催生新的業務模式

就醫的花費與時間一直是個大問題，大數據則能夠讓這問題有效解決，將雲端運算與大數據結合，並建立統一的醫療平臺，醫院能夠為患者提供網路預約、異地就診、醫療保險即時結算等服務。除此之外，統一的醫療平臺還能夠讓各醫療機構之間的同級結果互相認證，這就使得患者在不同的醫院可以使用相同的檢查結果進行分析，避免了重複檢查給患者帶來的負擔，也節省了醫療資源。依靠此套新的業務模式和服務模式，醫療產業為患者提供更為便利、快速、便宜的醫療服務，並提高自身效益。

原因四，大數據推動醫療服務的即時化

我們通常習慣的一種醫療過程就是掛號、排隊、就診、檢查、等待結果、諮詢、領藥、複診，而每個環節、各種資訊詢問和結果等待也大大拉長了就診時間。而在大數據的支持下，我們甚至能夠想像這樣一套醫療流程：網路掛號之後，醫院得到你的個人醫療資訊，並根據過往資料和即時情況對你的健康情況進行分析；到了醫院之後直接進行初步檢查，進行抽血、超音波等專業檢查；等你回到醫療室時，醫師的電腦上已經出現了你的檢查結果；等你坐下時，醫師告訴你詳細訊息，並在系統中開出你的藥方，你則可以直接去領藥了。大數據技術在醫療產業的應用將會越來越多，而醫療服務的即時化也得以達成。

原因五，大數據技術在醫療領域的不斷創新

大數據的相關技術和工具已經很多，而隨著大數據技術在醫療領域的廣泛應用，醫療產業的特殊性也將促使大數據技術不斷創新，這不僅能夠使得醫療服務提高效率，也能夠為全產業提供更多、更好的大數據技術與工具，如新的資料及分析模型與技術、Hadoop 分發、下一代資料倉庫，等等。

大數據技術可以預測醫療方向並非信口開河。目前來看，大數據技術已經在醫療產業獲得了廣泛的應用，包括臨床資料對比、藥品研發、臨床決策支援、即時統計分析、基本藥物臨床應用分析、遠端病人資料分析、人口統計學分析、新農合基金資料分析、就診行為分析、新的服務模式等等。而隨著這些應用的拓展，大數據技術必然能夠對未來的醫療產業給出令人信服的預測結果。

11.2 求人不如求己的智能 App

如果能夠有一款智慧 App，讓人可以直接利用手機看病，那對於人們而言，無疑是一大福音。

就像手機聊天、購物、瀏覽資訊已經融入人們的日常生活中一樣，醫療也將利用智慧 App 讓人們的健康生活變得更為輕鬆。老年化是現代化社會最為嚴重的問題之一。而伴隨著老年人就診的各種問題，醫療衝突也將變得更為嚴重。尤其是在偏鄉地區，醫療資源嚴重短缺；看病已經不只是「難不難」的問題，甚至是「有沒有」的問題。

這使得求人不如求己的智慧醫療 App 成為了全社會的迫切需求。2013 年 7 月，廣州華僑醫院與陽光康眾網合作推出了「就醫助理」App，此 App 也是中國第一個達成門診全流程服務及行動金融支付功能的智慧型醫療 App 應用。

「就醫助理」App 擁有分診諮詢、預約掛號、排隊叫號、檢驗結果、繳費、醫院動態六大主要功能，還有醫院指南、就醫說明、停車等協助工具。這款 App 幾乎涵蓋了智慧型醫療 App 所應當具有的全部功能，醫院在開發自己的 App 時可以從中獲取一些啟發。

第一步，設計一個清爽而簡潔的主介面

當我們打開「就醫助理」App，就會看到一個清爽而簡潔的介面，分診諮詢、預約掛號、排隊叫號、檢驗結果、繳費、醫院動態六大主要功能躍然眼

前。主介面是使用者打開 App 的第一個介面，而作為一款醫療 App，使用者並不需要多麼新穎、創意的介面，而是需要快速找到自己所需要的服務通道。因此，對於醫院而言，設計一個清爽而簡潔的主介面是開發醫療 App 的重要一步，如圖 11-2 所示。

第二步，完善的就診諮詢功能

由於缺乏專業的醫療知識，很多人在感到身體不適時，往往不會給予足夠的重視，而就醫的種種難處也讓患者大多避免走進醫院。因此，醫療 App 必須具備就診諮詢功能，讓使用者可以隨時隨地地查詢自己的症狀背後是否隱藏著什麼健康風險。在就診諮詢中，使用者會提供性別、年齡、症狀等資訊，醫院則可以根據這些資訊對患者進行初步診斷，並將結果發送到使用者手中，並為使用者提供專業的意見，如圖 11-3 所示。

圖 11-2　就醫助理介面

圖 11-3　就診諮詢介面

第三步，簡便的預約掛號功能

預約掛號是一款醫療 App 的必備功能，很多醫院都提供了預約掛號電話或網頁，但這些服務卻都存在著各種缺陷。而醫療 App 隨時隨地可用的特性則極大地完善此重要服務。在預約掛號中，使用者可以按照科室與症狀查找相關的醫師，也可以追溯查詢到此前預約與收藏過的醫師，使用者在選擇醫師後，能夠得到該醫師的就診時間、是否停診、可否預約等各種資訊；確定預約之後，使用者則可以利用網路支付迅速成功掛號，大幅節約了患者的掛號時間，如圖 11-4 所示。

第四步，即時的排隊提醒

在各大醫院中，我們經常能夠看到患者在掛號之後，需要在候診室排隊等待。而利用排隊功能，患者則可以即時瞭解排隊資訊，並依靠設定好的提醒功能，及時到達醫院就診。這無疑能夠將患者在醫院停留等待的時間降低為零，如圖 11-5 所示。

圖 11-4　預約掛號介面

圖 11-5　排隊叫號介面

第五步，詳細的檢驗結果功能

患者在就診之後往往要進行各種各樣的檢查，並等待檢查結果，再拿著結果去找醫師進行解讀。有了檢驗結果後，醫師依靠醫院內網可以迅速在電腦上獲得患者的檢驗結果，並結合患者的病症進行解讀，再將詳細資訊發到患者的「就診助理」上。這樣一來，患者只需要動動手指就可以獲得目前和過往的各類檢驗結果，無需來回奔波，如圖 11-6 所示。

第六步，便捷的繳費功能

繳費同樣會耗費患者大量的時間，而在行動支付日漸普及的今天，醫院同樣應該跟上潮流，為使用者提供自助繳費功能，免去患者排隊繳費的時間，也避免使用者因為忘帶現金和信用卡而多跑一趟，如圖 11-7 所示。

圖 11-6　檢驗結果查詢介面　　　　圖 11-7　支付功能介面

第七步，及時更新的醫院動態

醫療 App 不僅為使用者提供自助的醫療服務平臺，也能夠成為醫院展示自身形象、推廣自身品牌的一大利器。醫院應當在醫療 App 中即時更新發佈醫院的新聞與最新科研成果，以幫助使用者進一步瞭解醫院。

在中國，「就醫助理」App 是達成全方位智慧醫療與金融助力相結合的首款 App。廣州華僑醫院的黃力院長對這款 App 也寄予了厚望：「運用先進的技術手段，儘量為患者提供舒適的服務，減少病人及家屬的就醫困難與痛苦，是我們的職責。在未來，我們會繼續深化服務，致力於在華僑醫院的微信公眾平臺也達成自主掛號、自動診斷的功能；並將繼續優化手機 App 的各項功能，也許還能早日達成全方位、立體 3D 模式的智慧分診。」

依靠這款 App，廣州華僑醫院不僅將門診全流程的服務移植到了行動終端上，還達成了便捷安全的金融支付。而在廣州華僑醫院之後，各大醫院也紛紛推出自己的醫療 App，為患者提供更為便捷的醫療服務。除此之外，很多 App 開發商也聯合醫療機構，開發出更具針對性的醫療 App，如「快速問醫師」、「美柚」、「護眼寶」、「掌上藥店」等，針對使用者的個人化需求提供更為專業的醫療服務。

在未來，醫療將不再成為一大社會難題，醫療 App 將為使用者帶來「求人不如求己」的醫療自助服務，醫院也得以極大提升自身的服務效率和品質。

11.3　如何根據流感疫情資料定制行銷方案？

目前，人類正在向大數據時代大踏步前進。然而，在大數據時代，擁有資料並不表示就能掌握資料中存在的價值；只有對這些資料進行充分的分析和探索，企業才能夠將大數據「表現」得淋漓盡致。

流感疫情對全人類而言都是讓人頭疼的問題，由於缺乏充足、有效的流感疫苗，每年的流感疫情都會為各國造成極大的困擾。流感是流感病毒引起的急性呼吸道感染，是一種傳染性強、傳播速度快的疾病。利用空氣中的飛沫、人與人之間的接觸或與被污染物品的接觸等管道，流感能夠快速傳播，致使患者發生急起高熱、全身疼痛、顯著乏力和輕度呼吸道感染等症狀。秋冬季節是流感的高發期，其所引起的併發症和死亡現象是非常嚴重的。

流感症狀通常會持續一週左右的時間，特徵是突發高熱、肌肉酸痛、頭痛和嚴重不適、乾咳、喉痛和鼻炎等。雖然大多數患者能夠在 1 ～ 2 週內完全康復，但對於幼兒、老年人和患有其他嚴重病症者而言，流感極有可能導致嚴重的併發症、肺炎和死亡。流感病毒可分為甲（A）、乙（B）、丙（C）三型，甲型病毒經常發生抗原變異，傳染性大，傳播迅速，極易發生大範圍流行。

而在大數據時代，流感疫情資料是否存在價值呢？答案當然是肯定的。

美國疾病預防控制中心 16 日公佈的資料則顯示：在過去一週內，又有 19 名兒童因流感引起的併發症死亡。自 2014 年 9 月開始的流感季節內，已有 18 個州的 45 名兒童病逝，其中德克薩斯州的死亡病例最多，達到 6 人。

「從目前看，今年將會成為流感嚴重的一年，尤其是對 65 歲及以上的老年人。」美國疾控中心主任弗裡登（Thomas Frieden）上週在流感應對會議上說，「由於本季爆發的 H3N2 型流感病毒相比其他流感病毒『更危險』，且曾經變種，使得接種疫苗的保護效果有所降低。」

美國疾病預防控制中心的主要職責是防止流感疫情擴散，醫師和疫苗無疑是防止流感疫情擴散的主要手段。然而，由於不同的流感病毒株需要不同的疫苗才能發生作用，而在流感疫情發生之前，美國疾病預防控制中心很難確認流感病毒株的類型，也缺乏足夠的疫苗普及所有人群。因此，美國疾病預防控制中心開始使用手中的流感疫情資料對疫情進行控制。

來自美國疾病預防控制中心流感研究領域的流行病學專家布拉莫就表示：「流感的研究需要精確地找到目前影響某個地區的流感菌株，這樣的流感疫苗才可用於阻止流感的蔓延。同時也做了一些反病毒的耐藥測試，用以確保流感疫苗可以緩解流感的影響。利用對流感和肺炎死亡的跟蹤，來瞭解流感疫情會不會造成的死亡率上升。大數據在控制流感疫情中能夠發揮極大的作用，同時，也需要更好、更多的流感疫苗來將流感疫情抑制在萌芽階段。」

依靠流感疫情資料，醫療機構能夠將流感疫情的影響降至最低。與此同時，根據流感疫情資料，醫療機構或企業還能夠進行行銷方案的定制，為控制流感疫情助力，並推廣自身的品牌形象。

第一步，跟蹤流感資訊

流感疫情對人們的日常生活會造成極大的影響。如果能即時瞭解流感疫情資訊，對每個人來說都是一件好事。根據使用者的此需求，我們可以根據流感疫情資料，對流感疫情進行跟蹤，並將之繪製到地圖中去，方便使用者查詢，同時也能夠極大地增加自身的點擊量和曝光率。

Flu Trends（流感趨勢）是一款來自 Google 的流感追蹤器，利用對流感相關的關鍵字搜尋進行監控，Google 可以即時展示出美國乃至全球的流感活動資訊。使用者還可以在該網頁上點擊某個區域，瞭解該地區的流感嚴重程度。除此之外，美國疾病預防控制中心的地圖也能夠顯示流感疫情的擴散程度。Flu View（流感觀察）同樣是一款流感資訊跟蹤工具，它利用接收並處理來自醫師、醫院以及美國疾病預防控制中心實驗室的大量資料，為使用者

提供一個關於流感疫情蔓延的清晰圖像，說明使用者瞭解流感資訊，也能夠說明醫師有效地控制流感疫情的蔓延，如圖 11-8 所示。

圖 11-8　Google 流感趨勢

第二步，預測流感趨勢

對於大部分使用者而言，瞭解當前的流感資訊並不是他們最主要的需求，更希望瞭解流感疫情的發展趨勢，做出積極的應對。針對此市場需求，企業如果能夠根據流感疫情資料，準確地預測出流感發展趨勢，既能夠讓醫療機構、使用者做好相應的準備，也能夠極大地提升企業形象，增強市場的認可度和信任度。

美國公共健康協會與斯科爾全球性威脅基金合作推出了 Flu Near You（流感在你身邊）App，以收集流感症狀的發展資訊，同時，每週還會發佈一份調查報告，以對未來任何有可能的流感疫情爆發做出預測，說明防災組織、研究人員以及公共衛生官員為流感疫情的擴散做好準備，如圖 11-9 所示。

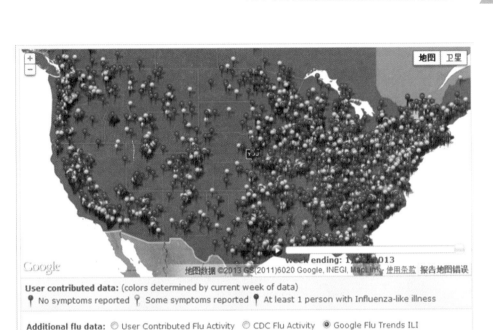

圖 11-9　Google 對流感疫情的預測

Google 在利用流感疫情資料的過程中發現，某些搜尋關鍵字可以很好地標示出流感疫情的現狀。因此，Google 流感趨勢利用對 Google 搜尋資料的匯總，發現隱藏的流感疫情爆發危險，並據此進行預測，如圖 11-10 所示。

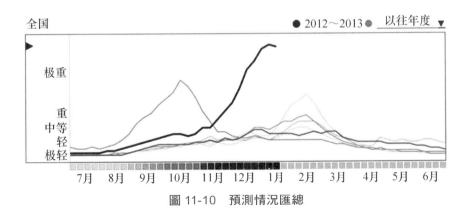

圖 11-10　預測情況匯總

第三步，提供個人化服務

跟蹤流感資訊和預測流感趨勢大多從大局出發，很難細分到某個地區、某個社群，而針對獨立的使用者而言，他們更希望瞭解自己身邊的流感疫情資訊，以避免自己成為流感疫情的受害者。而社群平台的發展讓企業滿足使用者的這種個人化需求有了可能。

Germ Tracker（萌芽追蹤）同樣是一款地圖追蹤流感疫情資訊的網站，但與其他平臺不同的是，Germ Tracker 所使用的資料大多利用社群平台進行篩選。根據使用者在各大社群平台上發佈的關鍵字，如流感、咳嗽、打噴嚏等，Germ Tracker 能夠快速鎖定該使用者的位置，提醒同一社群的居民做好預防，並避免與出現流感症狀的人接觸。

利用對流感疫情資料進行有效分析，企業不僅能夠幫助醫療機構快速掌握疫情資訊，也能夠從獨特的視角分析疫情的發展趨勢，幫助醫療機構和居民提前做好準備措施。而從企業自身的角度來看，根據流感疫情資料定制行銷策略，也能夠大幅度提高企業形象，準確預測和提醒。

11.4 用大數據為病人尋求治療方案

對於資料的合理運用，不僅能夠為醫療機構控制疫情提供幫助，也能夠為病人尋求治療方案，尤其當人類全基因組測序完成後，大數據甚至能夠根據病人的基因定制醫療。在未來，醫療機構可能會為每個獨立的個體開發最有效的治療方案，這樣的定制醫療甚至可能在每個人尚未出生時就已經完成。

2015 年初，美國國防巨頭洛克希德‧馬丁公司與美國聖地牙哥市的遺傳信息服務供應商 Illumina 開展了合作，共同探索利用大數據為病人尋求個人化的醫療方案。而更早些時候，2014 年初開始，瑞士製藥公司羅氏就在生物醫藥產業掀起了大規模收購浪潮，而其所收購的公司均涉及個人化醫療領域：2014 年 4 月，羅氏以 4.5 億美元的價格收購了分子診斷公司 IQuum；兩個月後，羅氏又耗資 3.5 億美元將基因測序公司 GeniaTechnologies 納入旗下；2015 年 1 月，羅氏又宣佈以 10.3 億美元的價格收購 Foundation 製藥公司 56.3% 的股權……大批的醫療機構紛紛加入，借助大數據的助力，推動個人化治療和藥物開發的發展。

其實，早在 1970 年代，當分子生物學出現後，就已經有人提出個人化醫療的概念。幾十年來，分子生物學的出現和發展引發了現代醫學的巨大變革，通用性醫療一直走在向個人化醫療轉變的道路上。而隨著分子生物學技術的逐漸成熟，以及大數據技術的飛速發展，病人將能夠找到更具針對性的治療方案。

第一步，達成精準醫療

- 瞄準個人化醫療。隨著人類全基因測序的完成，個人化醫療成為醫療領域最時髦的名詞，人們都在憧憬著擁有專屬於自己的基因序列庫，根據這樣的基因序列庫，醫師能夠有針對性地展開個人化的醫療方案。

  個人化醫療對每個人而言有著極大的誘惑力。然而，這麼多年來，此概念卻逐漸歸於平靜。之所以如此，正是因為世界上龐大的人口基數。隨著世界人口的不斷增加以及人均壽命的延長，如今的醫療系統想要滿足

大部分人通用性醫療的需求已經很難，更何況為每個人提供個人化醫療呢？在這種情況下，個人化醫療只能為極少數人服務，並且會耗費大量的醫療資源，進而影響普通人的基本醫療保障，甚至導致整體醫療水準的下降。

因此，個人化醫療在前些年才會迅速由盛轉衰。儘管如此，我們仍然需要瞄準個人化醫療，因為個人化醫療的普及，將讓人們享受到完全不一樣的醫療服務，並極大改善人類的健康和延長人類的壽命。

- 從精準醫療著手。在理想的個人化醫療時代，醫療方案是能夠精確到個體的。醫療機構以個人基因組資訊為基礎，並結合蛋白質組、代謝組等相關內環境的資訊，為病人量身打造出最佳的定制醫療方案，達到治療效果最大化和副作用最小化的效果。「在正確的時間給予正確的病人正確的治療」是理想的個人化醫療。

在實際運用過程中由於各種阻礙的限制，我們應當從精準醫療著手。所謂精準醫療，並非一定要精確到個體，而是將某種特性的疾病進行細分，例如對於感冒的分類，可以在病毒性感冒和流行性感冒中再進行細分，對這些細分疾病進行研究，並開發出適用於多數人的藥物。

其實，每個人患某種疾病時都會表現出共性和區別。這種區別往往並非病人個體體質的差異導致的，而是由疾病類型的細微區別造成。也正是因此，同樣是感冒，某種感冒藥可能對某些病人有奇效，而對某些病人則無效。精準醫療正是要抓住這些對病人無效的案例，找出他們的共性，為他們尋求有效的治療方案。

如慢性粒細胞性白血病（CML）在過去幾乎是一種絕症，治療 CML 的化療藥物不僅沒有什麼實際效果，反而會產生很多副作用，最為有效的治療方案是骨髓移植，但要找到合適的骨髓捐獻者卻難如大海撈針。直到半個世紀前，人們才發現了 CML 細胞染色體變化，又過了 20 多年，科學家才發現了 BCR-ABL 融合基因及其與 CML 的關係。在此基礎上，科學家開始找針對 BCR-ABL 融合基因的標靶藥物，直到 2001 年，CML 才有了合適的治療方案。

然而，這樣的治療方案卻難以推廣，因為 CML 是由單一基因變異引起的疾病，而很多腫瘤有好幾處基因變異。這就需要對這類病人進行基因診斷，找出引發腫瘤的基因變異，進而開發出有效的標靶藥物，這才是現階段我們能夠做到的個人化醫療—精準醫療。

第二步，用大數據引導新的革命

在過去，醫療機構很難獲得某個病人的全部資料，因此，醫療產業顯得非常碎片化。由於缺乏資料的整合，醫療機構只能在某個領域發揮作用；而大數據的出現，使得醫療機構能夠將病人的所有資料整合到一起，達成真正的個人化醫療，如圖 11-11 所示。

圖 11-11　大數據引起的醫療革命

- 標準化數據—採集與整合。雖然現在已經有很多手段能夠收集到病人的資料，並進行一定程度的整合，但由於各種管道採集到的資料會被上傳到不同的雲端，而雲與雲之間的隔閡，則為病人資料的全部整合造成了阻礙。因此，在大數據時代的醫療領域，我們首先要做的就是對資料進行標準化處理。

美國無線電通訊技術研發公司高通的業務拓展總監卡薩閣就表示：「理想的情況是，所有的資料都能從患者處傳輸到一個平臺，然後再傳輸回醫

師處。」目前，高通已經開發出了這樣一款產品—2net。2net 實際上是一個家庭資料收集樞紐，使用者只需要將這個類似於「小夜燈」的產品插上電源，就可以在使用其他監測儀器監測病人資料時，讓設備自動上傳資料到雲端。而這樣的設備還遠遠不夠，由於病人還會在戶外運動，資料採集樞紐必須從家裡「走到」病人的口袋裡。

高通隨後也與很多終端廠商合作，開發出了血糖、血壓測量套件，以及智慧型手機 App—2netMobile。這樣一來，病人能夠使用這些檢測儀器進行即時檢測，並讓智慧型手機自動將採集到的資料上傳到雲端。

- 專業資料庫—儲存與解讀。大數據將在個人化醫療中發揮巨大的作用，然而，一個完全測序的人類基因組中包含有 100 ～ 1000GB 的資料量，醫療機構想要對大量病人的資料進行解讀，就需要一個專業的資料庫對其進行儲存以及橫向、縱向的比對分析。

國外很多公司正在開發自己的專業資料庫以及相關軟體，對醫療資料進行快速解讀。而中國的榮之聯科技公司憑藉在高性能計算和大容量儲存方面積累的技術優勢，與華大基因合作，幫助華大基因設計、建設和維護其物資訊超算中心，並成功地解決了基因測序形成的巨量資料在平行計算和儲存等方面的難題。目前，華大基因的超級計算能力達到了每秒運行 157 萬億次，數據儲存量更是高達 12.6PB，其基因測序能力位居全球第一。

個人化醫療是人類醫療技術發展的終點，但這條路卻極為漫長。想要為每個人都提供「量體裁藥」的治療方案並不是一朝一夕的事，而大數據則極大地推進了此進程。在大數據時代，醫療機構完全可以用大數據分析治療方案可能產生的反應、藥效、敏感性以及副作用，並利根據病人的健康資料，篩選出最佳的治療方案。

11.5 醫藥 O2O 怎樣掌控顧客健康？

電子商務與傳統商業模式的碰撞造成了 O2O（網路實體電子商務）模式的飛速發展，網路選購、實體收貨的服務模式，給顧客帶來了極大的便利。而當 O2O 模式與醫療產業結合在一起時，醫藥 O2O 又是怎樣掌控顧客健康的呢？

2014 年可以說是醫藥 O2O 的發展元年，眾多醫藥企業紛紛涉足 O2O 模式，而電子商務近年來的迅速發展，也讓醫藥 O2O 能夠擁有更多的選擇。

第一，「藥急送」

當越來越多的產品能夠達成送貨上門服務時，醫藥產品是否也能夠為顧客提供網上選購、送貨上門的服務呢？尤其是對於很多急需藥物、出門不便的顧客而言，「藥急送」服務是一個極為便利的選擇。

- 建立藥局聯盟。由於藥品產業的特殊性，很多顧客對於藥品的需求十分急迫，不可能等上兩三天的時間。醫藥企業想要為顧客提供「藥急送」服務，就必須能夠達成快速的配送。然而，任何醫藥企業不可能像 24 小時便利商店一樣，在各個社區都開設分店，也不可能達成短時間內的跨區域配送。

  因此，建立藥局同盟十分必要，將大大小小的藥局納入到自身的平臺，達成「急送」服務。九州通已經將「藥急送」服務當做自身的集團級項目，經過長期的努力，目前，九州通的藥局聯盟裡已經有 10 萬個成員，其倉儲物流也已經覆蓋到縣一級單位。其中，大部分地區的藥局能夠達成一天兩送的配送服務，而一些比較偏遠的藥局也已經能夠做到一週三送。

- 選擇電商平臺。當醫藥企業組建出完善的藥局聯盟之後，就擁有了醫藥 O2O 的實體基礎，在此之後，企業需要選擇合適的電商平臺，如圖 11-12 所示。如今，企業想要做電子商務已經擁有太多的選擇，淘寶、京東、微信都是不錯的平臺。

圖 11-12　相關醫療產業電商平臺

對於「藥急送」這樣的特殊服務模式而言，微信則是不錯的選擇。微信已經成為中國最大的行動社群平台，微信的使用者數量已經突破 6 億，其服務號和公眾號功能也已經得到了極大的完善。早在 2013 年底，九州通就在微信上開通了服務帳號「好藥師」，並於 2014 年 1 月率先開通了微信支付功能，隨後又發佈了自己的微信商城，在微信上建構了一個完善的電子商務服務平臺。依靠「好藥師」服務帳號，顧客可以直接利用微信發起服務呼叫，「好藥師」後台則會自動根據顧客的位置資料匹配附近的加盟藥局，並向他們發送用藥需求；當有加盟藥局接單時，藥局的服務人員則會主動與顧客聯繫並確認；之後，藥局會迅速安排工作人員配送上門。

第二，全覆蓋 O2O

「藥急送」這樣的 O2O 模式仍然局限在藥品購買這樣的單一領域。如果醫藥企業擁有更大的野心，則可以選擇全覆蓋 O2O 模式，真正成為整個醫療領域的「萬能通」。

2014 年 2 月底，海王星辰率先與支付寶錢包合作，開通支付寶錢包支付功能，顧客到海王星辰門市消費時，可以直接使用支付寶條碼進行支付，這為顧客帶來了極大的便利。而這僅僅是海王星辰全覆蓋 O2O 佈局的第一步。

海王星辰對全覆蓋 O2O 模式已經研究了 3 年多的時間，直到醫藥 O2O 元年，海王星辰終於抓住機遇，率先出手。對於全覆蓋 O2O 模式，海王星辰的規劃尤為完善：

1. 顧客可以直接用手機 App 找到所需的任何藥品；

2. 顧客在下單後可以在 1 小時內收貨；

3. 有專業的藥師網路為顧客提供用藥指導；

4. 專業藥師會為顧客提供用藥後的跟進服務；

5. 為顧客提供更為優惠的價格。

全覆蓋 O2O 並不局限於藥物配送服務，而是利用藥局同盟，為顧客提供全方位的服務。為了達成這樣的目標，企業必須要完成流程與系統的對接、行動設備的規劃、服務體系的建構、多管道建構與佈局、商品結構的重新規劃等準備工作。

（註：台灣藥事法禁止網路販賣藥品與醫材，請避免觸法。）

第三，體驗店模式

如今，標準化的醫藥產品很難滿足所有顧客的用藥需求。而體驗店則能夠幫助顧客找到適合自己的醫藥產品，針對特定區域、特定產品為特定顧客提供個人化、長期、專業的醫療服務，並進一步改善產品匹配性和服務品質，如圖 11-13 所示。

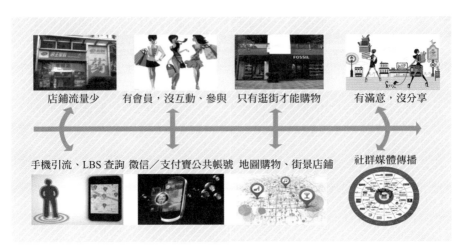

圖 11-13　體驗店模式

健一網是醫藥產品的電子商務平臺，早在 2012 年就提出過開體驗店的想法，但在當時，此想法太過超前。直到 2014 年，健一網的體驗店計畫終於得以落地。目前，健一網已經在上海和嘉興開設了兩家體驗店，其計畫是在一年內將觸角伸到全國十大主要都市，並在每個都市開設 2 ～ 3 家體驗店。

健一網將自己的服務區域定位江、浙、北、上、廣等一線都市，其目標顧客則是老慢病患者以及對健康醫療有需求的人群。目前，健一網能夠為顧客提供的主要服務包括藥學服務、體驗試用、本地及周邊快速物流、便捷支付、完善售後等。

醫藥 O2O 能夠幫助醫藥企業為顧客提供更為便捷的用藥服務。健康對於任何人來說都是頭等大事，而醫藥企業則為顧客提供健康服務的重要單元。當醫藥企業與電子商務結合到一起時，醫藥企業就真正掌控了顧客的健康。

11.6 醫療 / 運動穿戴設備達成病人自助醫療

顛覆已經成為當今時代最重要的關鍵字，而立足於大數據，行動互聯、穿戴設備的快速普及，也讓各產業的「生態環境」發生了劇烈的變化。而在醫療領域，此變化尤其迅猛，在醫療的各個細分領域，無論是診斷、監護、治療、給藥，新技術都將傳統醫療推向了智慧化的「智慧醫療」。而醫療 / 運動穿戴設備，更是能夠達成病人自助醫療的利器。

經過很長一段時間的調試、完善，蘋果終於將 HealthKit 和 Apple Watch 結合起來，為使用者提供自助醫療服務。HealthKit 是蘋果推出的一款私人健康資料平臺，可以整合協力廠商健康應用所積累的各種資料，由於有醫療機構的合作參與，使用者也能夠允許醫療機構接收或傳輸自己的資料。Apple Watch 是蘋果推出的一款智慧手錶，它可以時刻監視佩戴者的身體狀況，包括卡路里消耗量、睡眠時間、奔跑距離等各種資料；這樣一來，HealthKit 可以將這些詳細的健康資料發送給醫療機構，並獲得醫療機構的專業回饋。

至此，「遙不可及」的病人自助醫療，終於正式在蘋果落地並逐漸普及。《華爾街日報》網路版稱：「過去多年中，蘋果已經顛覆了多個產業，例如唱片和手機業。現在，蘋果又開始瞄準運動和健康領域。」這種整合模式打通了可穿戴設備、軟體和醫療機構之間的壁壘，無疑將極大改變我們的健康生活。

隨著穿戴設備和醫療 App 的普及和發展，它們的作用也將不再局限於人體健康指標的監測和預約掛號等功能。利用各種醫療平臺，穿戴設備能夠利用醫療 App 將監測到的資料上傳到雲端平台上，並將之共用給醫療機構，真正達成病人與醫務人員、醫療機構、醫療設備之間的互動，如圖 11-14 所示。

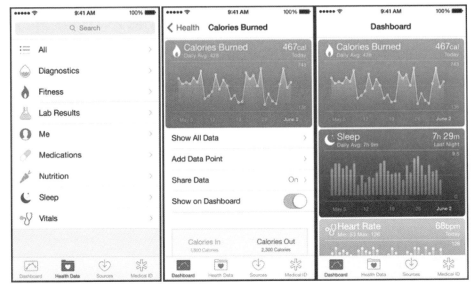

圖 11-14　可穿戴設備 App 介面

在自助醫療時代，如果發燒了，醫療 App 會立刻向你推薦合適的退燒藥物；如果誰突發心臟病或暈倒，智慧手環也會立刻發送定位和求救訊號到急救中心；如果我們需要到醫院就診，醫師可能已經早早對你的身體健康指標進行了分析，只等你去給他做確認了……「去醫院掛號、排隊、診斷、領藥」這樣的煩瑣環節，將在自助醫療時代一去不復返。

然而，穿戴設備其實已經出現了好幾年，為什麼它們的功能仍然停留在資料監測的層面，而沒有向自助醫療更進一步呢？關鍵原因正是因為資料共用無法打通醫療機構此環節。由於缺乏醫療機構的專業資料，醫療機構不願意使用穿戴設備的監測資料。

其實，Google 早在 2008 年就已經涉足自助醫療領域，其推出的一項健康資料共用服務聯合了 CVS 藥房以及 Withings 等醫藥廠商，讓使用者在其健康平臺上建立個人資料庫，為其提供健康服務。然而，由於缺乏主流醫療服務及保險機構的配合，以及一款強大的穿戴設備，此服務並沒有發揮出預期中的功能。雖然如此，由於坐擁 Google 搜尋帶來的巨量資料，Google 搜尋

本身已經成為了一個極受歡迎的自我診斷平臺。據皮尤資料中心統計顯示：35% 的美國人習慣在 Google 上搜尋病症進行自我診斷，所以 Google 也獲得了「Dr. Google」的外號。

與此同時，另一巨頭微軟也在自助醫療服務領域有所嘗試，微軟於 2007 年推出了基於網路儲存的衛生健康服務—HealthVault。使用者可以利用此服務，從 150 個應用程式和 200 款協力廠商設備上獲得了包括用藥史和醫療檢測等各種資料。但由於微軟的行動設備在市場上並沒有廣泛的影響力，這項服務的作用同樣有限。

直到如今，蘋果才終於依靠 HealthKit、智慧手環以及自身的市場影響力，打開了自助醫療時代的大門。在未來，只要有一支智慧型手機、一款穿戴設備以及強大的行動網路，我們的健康就能夠得到全面、即時的保護。據預測，在 2015 年，將有超過 50% 的手機使用者使用行動醫療應用，與此同時，智慧膠囊、智慧護腕等職能健康監測產品也將進一步普及。對於病人達成自助醫療而言，這些無疑是極大的利好消息。

從企業自身來看，穿戴設備廠商不僅可以依靠硬體本身盈利，更為關鍵的是，穿戴設備能夠說明企業黏住顧客，並深挖硬體所收集到的巨量資料。而在大量的資料流程利用程中，各種新型的商業模式也將衍生而出：為病人提供個人化遠端服務、為企業進行精準的廣告投放、為臨床外包機構提供研發服務、為醫院提供自動分診服務、為醫師提供應用性極強的再教育服務、和保險公司合作綁定顧客⋯⋯

那麼，對於穿戴設備企業而言，究竟應該如何抓住市場的脈動，在醫療領域發揮出更加強勁的生命力呢？如圖 11-15 所示。

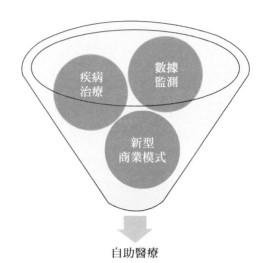

自助醫療

圖 11-15　可穿戴設備企業在醫療領域發揮作用的三個步驟

第一步，在監測領域穩紮穩打

監測技術是穿戴設備最核心的功能，穿戴設備發展之初就是對各種即時資料進行監測並給予使用者回饋。而在醫療領域，穿戴設備更應當在監測上穩紮穩打，利用感測器準確地採集人體的各種生理資料，如血糖、血壓、心率、體溫、呼吸頻率等資訊，並將之上傳到雲端，在資料異常時發出警告或者求助；與此同時，醫療機構利用即時獲取使用者資料，也能夠對使用者的身體狀況進行全面、專業、及時的分析和治療。

英國劍橋「溫度概念」公司開發出一套 DuoFertility 系統，女性使用者只需要將一枚小貼片貼在腋下，這套系統就能夠即時測量女性排卵期時體溫的細微變化，根據排卵期說明使用者達到避孕或受孕的目的。這套系統每天會對使用者的體溫進行高達 2 萬次的測量，也就是說每 4 ～ 5 秒時間就會測量一次，因此，其測量準確度高達 99%。使用者在使用這款設備 6 個月之後，受孕率能夠提高 20%，此成功率幾乎可以與昂貴的體外受精法相媲美。

BodyTel 推出了一套家庭診斷系統，利用將血糖儀、血壓計、體重儀等設備集合到一起，能夠自動地即時監測使用者的大部分身體資料，並將這些資料

利用藍牙傳送到病人的手機或者其他中轉站，中轉站接收到這些資料之後又會自動將資料上傳到雲端。整個流程無需病人進行任何操作，而醫師則可以在雲端查看這些資料，並且設置對應參數，讓系統自動發出警告，並利用簡訊、電子郵件、傳真等形式接收資訊，達成及時的治療與急救。

第二步，向疾病治療領域發力

穿戴設備不僅能夠對人體的生命體征進行監測，利用技術改良，穿戴設備甚至能夠自動達成為使用者提供所需的治療。資訊科技的發展使得很多設備逐漸走向微型化，而利用將微型化的醫療設備融合到穿戴設備中，使用者甚至能夠隨時隨地接受必要的治療。這對於穿戴設備的未來發展以及醫療領域的進步而言意義重大。

國外已經有很多款基於 Bio-MEMS 技術的手腕式血糖控制儀，這種穿戴設備通常由提取血液的微針、帶血糖感測器的電極和利用氣壓差推播藥物的微泵組成。該設備能夠利用微針提取血液並對血糖濃度進行測量，並使用微泵自動注射所需藥物，維持血糖水準的正常。其最關鍵的功能在於能夠根據血糖濃度自動調節用藥方案，如果使用者血糖濃度低於正常值，則自動注射葡萄糖；反之，則自動注射胰島素。

日本科學家甚至開發了一款能夠幫助老年癡呆症患者喚起記憶的智慧眼鏡，這款眼鏡由一個微型攝影機、小型反光鏡和微型處理器組成，可以識別 60 種日常用品。當使用者第一次將攝影機聚焦於某個物品時，就可以說出物品的名稱讓微型處理器保存下來。在此之後，這款眼鏡就會自動記錄下使用者最後一次看到錢包、鑰匙、手機等日常用品的地點，當使用者再次念出某個物品的名稱時，螢幕上就會顯示出它最後一次出現的地點。此功能對於記憶衰退的患者及經常丟三落四的人來說，無疑是極大的福音。

第三步，探索新型商業模式

醫療／運動穿戴設備企業不應當將目光局限於硬體設備的銷售，而應當依靠醫療檢測獲得的大數據探索新的商業模式。如果僅僅想要成為一家設備生產

廠家，那實在是浪費了手中握有的巨量健康資料。在美國，穿戴設備企業早已發展出不同的商業模式，以增加自身的盈利水準。

作為專注於糖尿病管理的行動醫療公司，WellDoc 選擇了向保險公司收費，目前已經有兩家醫療保險公司願意為投保人每月支付超過 100 美元的「糖尿病管家系統」費用；遠端心臟監測服務提供者 CardioNet，除了向保險公司公司收費之外，還會將患者資料出售給科研機構用於研發；Zocdoc 為患者提供免費的預約服務，但會向醫師收取費用；Vocera 則為大型醫院提供快速、有效的通訊收費服務……

不同的穿戴設備，在與醫療產業進行融合之後，可以探索出不同的商業模式。而單純的硬體生產銷售企業，無疑是最不經濟的一種自我定位。

穿戴設備的普及發展為自助醫療提供了必備的技術手段，而當穿戴設備與醫療真正融合為一體時，依靠網路與大數據技術，我們會迎向真正的自助醫療時代。

大數據是新時代最重要的元素，它能夠在各行各業發揮出難以想像的作用。而醫療產業作為關係到每個人生命的重要產業，探索出大數據在醫療領域的價值則顯得尤為重要。依靠大數據，我們不僅能夠預測出未來醫療的發展方向，更為重要的是，當大數據、網路與醫療產業相結合時：智慧醫療 App 將為使用者提供求人不如求己的醫療服務，人們終於可以體驗到更高效、便捷的醫療服務；而對於企業而言，大數據技術不僅能夠讓企業幫助醫療機構控制疫情，更能夠說明企業根據疫情資料定制行銷方案；當醫藥企業引入 O2O 模式，穿戴設備進入醫療領域時，我們有理由相信，在不遠的將來，個人化醫療將成為現實，每個人都將擁有自己的專屬醫師。

生產製造：

用大數據多快好省，
按需生產

「多、快、好、省」對於每家企業而言，都有著難以想像的衝擊
力。在新時代下，顧客需求已經成為市場上的主導力量，當顧客
掌握了市場主導權之後，對於生產製造產業而言，尤其是對於經
歷了 2008 年金融危機之後漫長寒冬的製造業而言，看似無所不
能的大數據，能否幫助製造商們達成這個美麗的夢想呢？

12.1 大數據時代，需求決定生產

隨著網路與社群平台的快速發展，人們在網路上留下的資料越來越多。而在這巨量的資料中，蘊含的則是顧客的真正需求所在。在大數據時代，決定生產的真正落到了實處，顧客需求開始成為生產的決定性因素。

大數據的主要功能在於利用對巨量資料的充分探索，利用各要素之間的相關性，對未來進行準確的預測；這樣的預測能夠幫助企業真正探索到顧客的需求所在，提前生產出相應的產品。

夢芭莎集團董事長佘曉成在「2013 年騰訊智慧峰會」建議各個企業打造屬於自己的資料庫，積累極具價值的第一方資料。佘曉成在會上說：「大數據的導航作用使得我們在生產過程中就能夠及時的調整，我們做了以後庫存每季售罄率從 80% 提升到 95%，實行 30 天缺貨銷售，能把 30 天缺貨控制在每天訂單的 10% 左右，比以前有 3 倍的提升。」如圖 12-1 所示。

圖 12-1 工業大數據

然而，由於企業自身因素的限制，第一方資料雖然價值豐富，但數量卻有限，因此，企業也需要從協力廠商平臺上採集收據。微博、微信等社群平台則是很好的一個選擇，尤其是微博。微博本身就會利用自身的大數據技術，

對使用者的微博資訊進行整合、重組，並為內容相同或相近的資訊進行分組並打上「標籤」。這樣一來，企業就可以利用點擊相應的標籤，瀏覽到自己所需要的內容，並從中探索到有用的資料。騰訊微博事業部總經理邢宏宇介紹：「微博上有一個體驗叫『微熱點』，當看到某一條微博講香港黃色小鴨的時候，你如果不知道是怎麼回事，可以點網頁上的一個熱點，點過去之後是利用我們探索的力量把事件的來龍去脈呈現出來，這樣就減少了使用者獲取資訊的成本。」

如今，顧客獲取資訊的管道大幅增加，企業很難利用電視、報紙等傳統媒體控制輿論，將顧客納入自己的掌控之中。隨著顧客對於個人化產品和服務的需求不斷增加，企業閉門造車的生產策略，只會讓自身陷入險境。

在這種情況下，企業必須利用精準行銷瞭解顧客的實際需求，這樣才能生產出對應的產品。在這樣的生產策略下，企業幾乎能夠在購進原材料之前，就預測到自己的成功。畢竟，當顧客已經不光是想填飽肚子，企業只有知道顧客的口味，才能滿足顧客的胃口。

那麼，在這個需求決定生產的時代，製造業又應當如何依靠大數據脫離困境呢？如圖 12-2 所示。

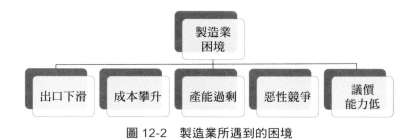

圖 12-2　製造業所遇到的困境

第一，出口下滑

全球經濟的不景氣，使得外部需求大幅度減少，這就讓以出口為主要創收手段的製造企業陷入危機。

第二，成本攀升

過去 10 年以來，生產成本不斷上漲，勞動力成本也迅速增長，再加上出口下滑的困境，製造業的日子更是難過。然而，大部分製造商的生產模式仍然十分落後，生產效率低下。大數據技術能幫助製造商對生產成本組成進行全面分析，找出可以改善的地方，進而提高生產效率，逐步降低相對成本。

第三，產能過剩

製造業普遍面臨著產能過剩的問題，大型工廠生產出來的大量產品卻找不到合適的銷售管道，許多中小型企業也因此面臨著被整合的風險。而從另一個角度來看，這未嘗不是製造業改良的一個契機。

製造商們如果能夠趁機對某些中小企業進行收購、併購，並對自身的劣質資產進行剝離，就能夠在整合市場資源，以一個全新的姿態面對大數據時代。

第四，惡性競爭

很多企業都選擇依靠價格戰等惡性競爭的手段打擊競爭對手。然而，殺敵一萬自損八千，對於整個產業發展而言有害無利。

其實，在這個需求決定生產的時代，如果製造商能靜下心去分析顧客的真實需求，開闢出一個全新的細分市場，自然可以在自己的市場裡混得如魚得水。

第五，利潤低

企業的核心競爭力，必須靠產品利潤的提高和製造成本的降低，這也是企業收入的來源。然而，製造業幾乎都處於產業鏈的底層，幾乎沒有利潤可言。

製造商要提高產品的利潤，就必須提高產品附加值，而附加值的增加，源自技術的增加。無論是生產工藝、資訊科技，還是資料技術，都是產品利潤提高的有效推動力。

第六，管理基礎薄弱

製造業的管理方式仍然十分傳統，在品質、安全、效率、員工、成本等各個方面的管控，製造商們大多有所不足。事實上，達成精細化管理的製造商甚至不到 20%。大數據技術則能夠在企業精細化管理中發揮出色的作用。利用大數據技術，製造商能夠對產品的生產、銷售等各個環節進行跟蹤，即時發現問題，並在追溯過程中找到企業的薄弱環節，進而對症下藥。

大數據時代，是一個需求決定生產的時代。顧客主導商業的時代已經到來，製造業必須借機大踏步地進行轉型升級，在變局中贏得新生。

12.2　用資料定位顧客，探索顧客需求

在資料大爆炸的時代，顧客的一舉一動都會產生各種各樣的資料。企業如果能夠充分利用這些資料，就能精準地定位到自己的目標顧客，並探索出顧客的需求。

在過去，企業的生產模式極為簡陋：家電有固定需求，我只要炒作個什麼新元素出來，就會有人跟風購買；衣服沒什麼技術，每一季弄個「韓國爆紅」「日本流行」出來，自然不愁銷量……當然，也有很多企業會做專業的市場調查，做各種問卷、電話採訪，然後讓專業人士來做數學模型進行分析，但這樣的市場調查不僅需要耗費大量的人力和物力，而且較長的分析過程也讓分析結果失去了時效性。

而在大數據時代，一切都變得不一樣了。

ZARA 是西班牙最大、全球第三的服裝零售品牌，如圖 12-3 所示。ZARA 的服裝一直緊跟當季潮流，而得到眾多白領階層的喜愛。ZARA 之所以能夠獲得這樣的成功，正是因為 ZARA 知道如何利用資料定位顧客、探索顧客需求。ZARA 的設計師常年穿梭於米蘭、東京、紐約、巴黎等時尚重地觀看服裝秀，以採集流行元素的第一手資料。除此之外，ZARA 還會利用網路捕

捉全球各地顧客的消費偏好、本土文化等資料，設計出更具針對性和代表性的服裝。與此同時，ZARA 還利用大數據大幅縮短了前期的主題設計階段，相比於其他服裝品牌需要半年甚至更多的時間才能推出一季的新品，ZARA 的工作效率不可謂不高；從另一方面來看，這也讓 ZARA 的營運成本大幅度地降低。

圖 12-3　ZARA

大數據時代，讓企業擁有了精準定位顧客的能力。最常見的一個例子就是，我們的信箱經常能夠收到各種電商平台的促銷郵件；而很多人可能不知道的是，這些促銷郵件的內容都是因人而異的。有的人收到的是家電，有的人收到的是服裝，但大部分人都會驚奇地發現，這些促銷的產品正好是自己感興趣或有需求的。電商們之所以能夠做到此點，正是因為他們能夠依靠你在電商平臺上留下的行為資料，深入探索到你的需求所在。

在大數據時代，需求決定生產已經是無可爭議的事實。而面對這樣的情景，企業是否必須將主動權拱手相讓呢？如今，企業與顧客之間的關係發生了天翻地覆的變化。當企業一點點地陷入被動的局面時，我們則需要依靠大數據定位顧客、探索顧客需求，主動出擊，一步步重新掌握「發言權」。具體而言，又應該如何去做呢？

第一步，定位顧客

企業想要依靠主動出擊、掌握發言權，首先需要找到自己的目標，究竟誰才是能夠為自己創造價值的顧客？究竟哪些顧客可以被留住？又是哪些顧客可以成為自己的忠誠顧客呢？只有找到了這樣的目標，我們才能有效出擊，如圖 12-4 所示。

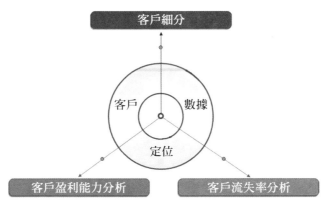

圖 12-4　生產制造型企業與大數據的聯繫

1. 顧客細分。在新時代裡，企業對於目標顧客的劃分已經不能停留在性別、年齡這樣的「宏觀層面」上，而是應該在與顧客的不斷溝通中，對目標顧客進行更細緻的定義，包括職業、收入水準、所在地區、家庭成員，等等。大數據的分群分析能夠幫助企業進行最細緻的顧客細分，並探索出同類顧客的共同屬性，再反向找到自己的目標顧客。

2. 顧客盈利能力分析。所謂的顧客盈利能力，就是指在單位時間內，企業能夠從某個顧客身上獲得的盈利數額。企業的目標顧客首先必須是能夠給自己帶來盈利的顧客，因此，顧客盈利能力分析是必需的。

   對於各個企業的不同部門而言，顧客盈利能力的具體計算公式也有所區別。但無論如何，依靠大數據技術，企業能夠收集到盡可能多的資料，對顧客的盈利能力進行準確的分析，大數據的預測功能還能夠讓企業對顧客未來的盈利能力進行合理的預測。除此之外，完善的顧客

分析也能夠讓企業利用精準行銷策略，以具有針對性的促銷活動增加顧客盈利能力。

企業想要定位到盈利能力高的顧客，就必須做到兩點：其一，記錄潛在顧客的行為特徵、財務狀況等歷史資料；其二，制訂合適的顧客盈利能力計算公式。

3. 顧客流失率分析。無論企業的目標顧客是哪一類顧客，大數據技術都能夠幫助企業精準地找出他們，以更具針對性的行銷方案刺激顧客消費。然而，企業的持續發展不能總是靠新顧客，留住熟客對於企業而言是十分重要的。

在商品經濟高度發達的今天，任何產業都面臨著越來越激烈的市場競爭，對於企業發展而言，一個關鍵的問題就是如何保證不讓自己的顧客被同行搶走。而利用大數據技術，企業可以合理地分析出顧客的流失原因，並據此建構顧客流失預測模型。當系統發現顧客即將流失而發出警報時，企業可以採用各種措施挽留顧客，避免顧客的流失。在此基礎上，企業可以在幾大主要流失原因上發力，努力將老顧客打造為自己的忠誠顧客。

第二步，探索需求

找到自己的顧客只是企業持續發展的第一步，接下來就要讓顧客做出實際的購買行為，只有如此，企業才能獲得相應的收入。而要讓顧客心甘情願地掏腰包，企業就必須知道顧客真正需要什麼，方法如圖 12-5 所示。

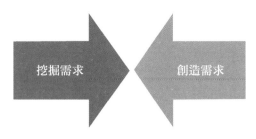

圖 12-5　探索需求的兩個方法

1. 探索需求。我們經常會在產品設計之前對市場進行一定的調研，對產品是否符合顧客需求進行分析。然而，在各種傳統的調研方法下，分析結果往往在真實性、一致性、一般性上有所缺陷；而大數據則能夠幫助企業充分地探索出顧客的真實需求。

   打個比方來說，一家汽車代理商在初期的市場調查中：詢問顧客想買什麼品牌的車，顧客說想買進口的 BMW；再問他的預算是多少，他說是 20 萬元。有的企業看到這樣兩種資料，可能直接把這份調查扔到垃圾桶去了。如果企業依靠大數據技術，對這個顧客過往的資料進行分析，可能就會發現，這個顧客的真實需求並不在於進口 BMW，而是在於進口；只要是進口的車，對他來說就夠了。這樣一來，這位顧客完全能夠成為企業的目標顧客。

2. 創造需求。利用大數據技術，我們不僅能夠探索出目標顧客的真實資料，有效出擊，還能夠利用分析目標顧客的屬性、偏好，為顧客創造需求。在大數據時代，企業完全可以利用交叉行銷為顧客創造需求。所謂交叉行銷就是指為老顧客提供新產品或服務，如為買了紙尿褲的顧客提供奶瓶。

   針對那些老顧客，企業已經握有大量的有關其行為特徵的真實資料。這樣一來，我們就能夠對其行為建模並進行預測：顧客買了這個還需要什麼？顧客是不是一個追求性價比的人？顧客會不會為產品購買一份延長期限的售後保障？針對不同屬性的顧客，我們就能夠將具有針對性的產品或服務送到他的面前，讓他忍不住地掏錢購買。

12.3　個人化生產，讓顧客參與產品設計

無論我們擁有多專業的設計師、進行多繁雜的市場調研，我們設計出來的產品都會有很多顧客表示不滿。產品設計對於很多企業而言都是一件費力不討好的事情，費了大力氣設計出來的產品可能得到的只是噓聲一片。那麼，何不如讓顧客參與到產品設計中，將自己轉變為簡單的生產企業呢？

在眾籌模式中，我們就曾經提到過個人化生產下的群創設計。在群創設計中，企業完全可以把設計環節交給顧客去主導，自己只要安心生產出產品就好。利用讓顧客參與到產品設計中，企業不僅能夠極大地縮減設計成本，提高設計效率，也能夠大幅度增加新產品的成功率。

早在 2012 年 9 月 14 日，美國創意產品社會化電商公司 — Quirky 公司，就與另類電商網站 Fab.com 合作展開了一場「超音速」群創活動。iPhone 是全球最火爆的手機產品，而 iPhone 的流行也帶動了另一個產業的迅速發展，那就是手機殼。如今，每部手機都有大量適配的手機殼，但有的手機殼能夠成為「爆款」，有的手機殼卻難以突破零銷量。

而在 iPhone5 推出後的第一天，Quirky 就在 24 小時內拿出了 15 個成功的設計方案。他們是怎麼做到的呢？

在 iPhone5 發佈之前，Quirky 在自己的網站上公佈產品設計概念徵集活動。經過一段時間的醞釀之後，在 iPhone5 發佈的當天夜裡，Quirky 就將網站上最活躍的幾十個顧客招募到一家工作室裡一起工作。

首先，Quirky 會向這些顧客展示已經收集到的 53 個設計概念，Quirky 和 Fab.com 的設計師會用 90 秒的時間對這些產品概念進行簡要的評論，包括可行性、市場前景和創意三個方面。介紹完畢之後，投票環節開始，只有票數超過半數的產品概念才算利用，最終，有 18 個產品概念通過第一輪票選。

接下來，設計師們就在腦力激盪室裡開始工作，他們將每個產品手繪成草圖，並對其材質、配色等細節進行討論。與此同時，Quirky 還會在網上對設計師們的工作進行直播，觀眾們可以為自己喜歡的產品設計進行投票。就這樣，在 24 小時內，Quirky 成功地將 15 個產品概念轉化為完善的產品設計，包括產品的包裝設計、廣告，等等。

24 小時內完成 15 個產品的設計，Quirky 這次的大膽挑戰讓人看到群創的力量，而結果也證明，這 15 個產品設計都獲得了極大的成功。Quirky 的創始人本·考夫曼說：「從一個獨立的想法，到成為貨架上的產品，這中間有太多障礙，需要太多不同的知識。僅僅是創新，仍然不夠─你還得瞭解工程學、設計、品牌、製造以及所有銷售和行銷的模式。對於發明家而言，Quirky 將這中間錯綜複雜的事物統統移開了。」

這就是個人化生產的奇效，任何一家企業都不可能在設計、製造、行銷等各個環節都做到盡善盡美，而個人化生產則能夠幫助企業將中間那些複雜的環節全部移除，只需要安心地將顧客自己的設計轉化為實實在在的產品即可。群創設計的效果雖好，但真正實踐起來卻沒有那麼簡單，個人化生產如圖 12-6 所示。

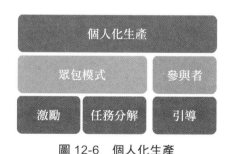

圖 12-6　個人化生產

第一步，建構正確的群創模式

群創設計的基本特徵就在於讓顧客參與到設計中，將設計的主導權交給顧客，保證生產出來的產品能夠極快地打開市場，並獲得大部分顧客的喜愛。群創設計有 3 個典型的模式：1. 讓顧客提供方案的集體智慧模式；2. 讓顧客直接創造的大群創造模式；3. 讓顧客選擇的大眾投票模式。

這三種模式各具優點，也能夠相互融合使用，關鍵在於企業如何選擇。每個企業都應當根據自身的特色，建構正確的群創模式。如果你自己都拿不出幾個還不錯的方案，那麼就不要讓顧客來投票了；如果你的產品設計需要相當高的專業要求，就要考慮是否有足夠多的符合要求的顧客來創造；當然，如果你對自己的設計師十分有信心，也就不用浪費時間在集體智慧上了。

第二步，選擇合適的參與者

群創設計的成功離不開網路，然而，全球上網人口數量已經逼近 30 億人，並不是每個人都能夠為你的群創設計貢獻力量。因此，在實行群創設計之前，企業必須要找到合適的參與者。

以 YouTube 為例，其使用者量已經突破 10 億。在這 10 億使用者中，只有 1% 是活躍的內容創造者，10% 的使用者會參與到內容的互動和改變中，而剩下來 89% 的使用者都只是被動的觀察者。如果 YouTube 要進行一次群創設計，首先得找到那 1% 的活躍使用者，再根據使用者歷史資料，找到符合設計要求的使用者，向他們發出邀請。

第三步，提供恰當的激勵

群創設計雖然能夠創造極大的效益，但它並不是「免費的午餐」。參與到設計中的顧客可能更看重的是那種參與感，並不看重是否有錢可領，而這並不表示我們可以坦然享受顧客為我們做出的貢獻，因此，恰當的獎勵是必需的。其實，企業要為他們提供恰當的激勵也很簡單，例如，將其納入產品設

計人員名單中，或者在網站上給予他們積分或榮譽獎勵，或者是賦予他們優先體驗新產品的權利……

第四步，對任務進行分解

群創設計的參與者很少擁有較高的專業知識，大部分人也不會在這上面耗費大量的時間。因此，企業在發出群創任務之前，必須對其進行分解，將耗時小、門檻低、成本低的任務分解出來。也只有這樣，才能迅速地採集大量的設計方案，即使在大眾投票中也同樣如此。如果企業對於產品的各項參數向顧客發起投票選擇，那些「非發燒友們」可能就會因為專業知識的匱乏而被排除在外，可是這些顧客才是我們的目標顧客中的多數。

第五步，給予適當的引導

很多企業對於群創設計有誤解：把所有工作交給顧客去做就好了，自己只需要坐等收穫。然而，這樣的無組織活動很難收到真正的成效，企業必須在群創設計的過程中給予適當的引導。首先，企業要限定群創設計的主題，以防出現想要設計蘋果，結果參與者設計出個原子彈的局面；其次，由於參與者專業知識的匱乏，企業要安排設計師參與到其中，為參與者提供即時的指導，來完成設計中的專業工作，並即時調整參與者的工作方向。

讓顧客參與到生產中來，能夠讓企業依靠個人化生產取得一本萬利的收入。企業想要取得這樣的收入離不開網路平臺的支持，網路打破了時間與空間的限制，也只有在網路上，企業才能夠將全球各地的顧客集合到一起，利用大眾的智慧，創造出人人收入的美妙設計。

12.4 如何以大數據提升傳統製造業核心競爭力？

製造業要想擺脫產業鏈底層的地位，就必須學會如何以大數據提升傳統製造業的核心競爭力。

早在 2012 年，全球製造業巨頭通用電氣開始了自己的大數據之路。通用電氣以上千億美元的投資規模向資料時代大踏步前進，利用利用物聯網和大數據技術，通用電氣已經逐步將傳統的物理資源優勢轉化為資料資源優勢。在通用電氣的設想中，大數據在製造業提升效率、降低成本中所能發揮的作用，甚至不亞於蒸汽機對於交通運輸業、海底光纜對於通訊業的影響。作為全球最大的機器和設備製造商，通用電氣對於大數據力量的發揮更是史無前例的。目前，通用電氣已經讓 20 億台設備連接在了網路上。據預測，這個數字在 2020 年將要達到 50 億！這就表示通用電氣每年將得到數以百億計的資料以供分析。

在 2014 年的德國漢諾威國際工業博覽會上，西門子則為大家展現了大數據在製造業中的神奇魔力：在西門子的展臺前，擺放著一條引人注目的汽車生產線，在這條生產網路沒有一個工人，只有兩台庫卡機器人協同配合地裝配著大眾 Golf 7 系轎車的車門，機器生產線並不新奇，但機器人之間的「心有靈犀」則讓人詫異：如果第一台機器人突然提高了速度，那麼第二台機器人也會自動加速；它們還可以隨時變換工作任務，此分鐘還在噴塗油漆的它們，下一分鐘可能就在安裝車門或方向盤了……西門子之所以能夠讓生產線達到如此高度的智慧化，離不開大數據的巧妙運用。

大數據不僅影響著製造業的生產模式，也促進了製造業商業模式的轉變。越來越多的製造業企業的主要盈利點正在從產品轉向服務。英格索蘭是有著百年歷史的老牌製造企業，但隨著空調壓縮機市場的競爭日益激烈，英格索蘭開始運用大數據脫離困境。一台空調壓縮機的使用壽命為 15 年，這讓很多顧客在決定購買前都會猶豫不決。為了讓顧客能夠放心購買自己的空調壓縮

機，英格索蘭為顧客提供了更為周到、精細的服務。英格索蘭將空調壓縮機納入了大數據管理中，將之變為一種智慧化的網路產品。顧客在購買前，可以利用資料查詢，精準地獲得某台機器全部部件的資訊資料，甚至能夠獲悉某一個螺絲的型號、產地以及鎖上螺絲的操作手資訊，這樣一來，顧客自然能夠放心購買。

其實，製造業利用大數據提升核心競爭力的方式有很多，關鍵則在於願不願意進行改變，懂不懂得如何改變。德國政府甚至立足於資料時代的特點，提出了進入工業 4.0 時代的願景。所謂工業 4.0 就是利用發展智慧工廠，促進製造業的自動化。目前來看，在供應商、顧客、有效產能以及費用等各個環節中，大數據都已經開始發揮出自己的作用，如圖 12-7 所示。

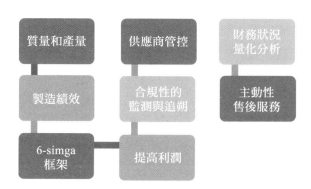

圖 12-7 大數據在各環節中的作用

第一，提高品質和產量

品質和產量是製造業永遠避不開的兩大問題，而大數據在這方面則表現優異。僅以生物製藥產業為例，在生物製藥的生產流程中，製造商需要對超過 200 個以上的變數進行監控，以確保藥品品質能夠符合標準；另外，生物製藥企業的產量往往會在 50% ～ 100% 變化，但企業卻無法立刻辨別出產量不足的原因所在。而依靠大數據手段，製造商則能夠對所有的變數進行即時監測，並對幾大主要變數進行追蹤，解決企業生產製造的重大難題。在這

樣的轉變中，企業的產量能夠得到 50% 的提升，每年也能夠節省 500 萬～ 1000 萬美元的製造費用。

第二，提高製造績效

根據「LNS 研究與 MESA 國際」近期的一份調查報告顯示，大數據在製造業績效提高方面有著突出的作用。主要表現在：1. 更好地預測產品需求並調節產能；2. 跨多重指標理解工廠績效；3. 更快地為顧客提供服務與支援。在這三個方面，大數據所引起的提升作用分別達到了 46%、45% 和 39%。

第三，改善六西格瑪框架

在六西格瑪 DMAIC（定義、測量、分析、改進及控制）框架中整合大數據分析，企業能夠更加深入地理解一個由 MAIC 驅動的改進計畫的工作過程，以及該計畫對製造績效的所有領域所能發揮的作用。除此之外，持續整合也能夠幫助企業向顧客驅動生產流程的方向進行轉變。

第四，供應商管控

利用大數據技術，製造商可以即時查看供應商的產品品質和配送準確度，依據時間緊迫性和產品品質要求在不同的供應商之間分配訂單生產任務，得出最優解決方案。大數據技術能夠讓企業更加細緻地從供應商品質層面進行審視，進而對供應商的績效進行準確的決策。

第五，對產品合規性的監測與追溯

在過去，生產出來的產品如果出現不合規現象，企業很難找到具體是哪個環節出現了問題。而利用大數據技術，企業則可以在工廠的所有設備上裝配感測器，瞭解每一台設備的生產狀況，進而掌握其操作者的工況、績效、技能差異等資訊，這對於製造商改進生產流程而言，意義重大。

第六，提高利潤

製造業的主要盈利模式就是薄利多銷，但對於擁有很多複雜產品型號的製造商而言，何種產品能夠帶來利潤？哪種產品會造成庫存積壓？有時候甚至是一個靠運氣才能解決的問題。面對這些問題，有些製造商選擇了只銷售利潤率最大的定制產品型號，或者是採用以銷定產的方式生產對產能影響最小的產品型號，而大數據則能夠幫助製造商計算出最合理的生產計畫，並最大化地弱化上述生產方案對目前生產計畫的影響，進而對設備、人員、生產線等生產要素進行合理的分配，使利潤最大化。

第七，對企業財務狀況進行量化分析

利用大數據分析，製造商可以將企業的財務狀況與每日的生產活動直接聯繫起來，在對每台生產設備的追蹤監測中，企業也能夠即時地瞭解到工廠的運作效率，以調整企業的生產規模，在對企業財務狀況與每日產能的量化分析中，採取相應的優化策略。

第八，主動性售後服務

對於製造商而言，產品的銷售僅僅是開始，而不是結束。製造商想要達成薄利多銷的戰略目標，必須為顧客提供良好的售後服務，並為顧客提供及時的預防性維護建議，讓顧客折服於貼心、精細的服務之中。在生產製造的過程中，製造商完全可以在產品的配備板上安裝感測器，利用作業系統對其加以管理。依靠這些感測器收集到的產品運行情況資料，製造商可以主動為顧客適時地推播服務資訊，並及時地向顧客發出預防性維護的通知，讓顧客成為重複購買者以及口碑宣傳者。

12.5　讓產品資訊化，建構企業行銷資料庫

在大數據時代，每個企業都應該建構起以顧客為中心的行銷資料庫，以精準行銷致勝資料時代。而對於製造業而言，首先要做的是讓產品資訊化，這是製造業建構企業行銷資料庫的必然前提。

所謂的讓產品資訊化，其實就是建設企業資訊化。利用在企業營運環節中部署各種大數據與資訊科技，企業的生產營運效率能夠得到極大的提升，營運風險、經營成本也將大幅度降低，增加企業獲利和持續經營的能力。

資訊科技的發展與普及，讓製造業能夠借著資訊時代的「東風」加速轉型。到了資料時代，單純的資訊化建設已經不能滿足製造業轉型升級的需求，製造商必須在讓產品資訊化之後，建構起企業行銷資料庫，達成在資料時代的飛躍。

第一步，打造數位化工廠

1. 提升網路化製造能力。在資料時代，顧客需求已經成為企業生產的決定性因素，這就需要製造商們能夠建立一種面向顧客需求具有快速回應機制的網路化製造模式。隨著數控機床在現代製造企業中的普及，製造商們急切需要建構網路化數控工廠生產現場的資訊資料交換平臺，將數控工廠的資訊和設備集成到一個管理系統當中，改變過去數控設備的單機通訊方式，達成工廠製造設備的集中控制管理，並達成製造設備之間以及與上層電腦之間的資訊交換。

   如此一來，企業就能夠依靠上層電腦快速瞭解設備的運行狀況資料，使設備資源進行優化配置和重組，讓設備利用率得到大幅度提升。利用將這些資料儲存到資料庫中，企業也能夠對工廠的產能進行精準預測，制訂出符合自身狀況的發展策略。

2. 提高工廠透明化管理能力。對於製造商而言，即時瞭解工廠底層詳細的設備狀態資訊一直是個難題。依靠工人檢測不僅費時費力，而且也

難以保證檢測資料的真實性和專業性。在依靠大數據打造數位化工廠的過程中，企業則可以依靠 MDC 系統即時監控工廠的設備和生產狀況。該系統內建了 25000 多種標準 ISO 報告，並能夠利用圖表直觀地反映出工廠當前或過去某段時間的生產狀態。在這種情況下，工廠管理人員只需要坐在辦公桌前，就能夠即時查看整個工廠或某台設備的狀態，對工廠生產做出即時、可靠、準確的決策。

3. 提升工廠無紙化營運能力。企業要建構行銷資料庫，就需要將一切資料輸入到系統當中，紙本文件的掃描、輸入則會使得此進程變得極為緩慢。數位化工廠需要企業提升工廠無紙化能力，利用網路與資料庫技術，企業可以為工程技術人員提供一個協同工作的環境，並將工廠生產過程中所有與生產相關的資料集成到一個資料庫中。

   無紙化營運的達成，能夠說明企業對生產資料文檔進行電子化管理。這樣一來，既方便了作業指導的創建、維護和無紙化瀏覽，也避免了紙本文件傳遞過程中的不準確性和安全性風險，進而快速指導生產，並建立起企業的行銷資料庫。

4. 提升工廠精細化管理能力。在顧客個人化需求佔據主導的資料時代，企業的精細化管理能力成為市場競爭勝負的關鍵因素之一。在資料時代，細節決定成敗不再是一句空話，企業必須加強對細節的重視，並儘量做到各個經營要素的科學量化。

   為了提升工廠的精細化管理能力，製造商可以利用條碼技術，對工廠從物料投產到成品入庫的整個生產流程進行跟蹤監控，並對生產工序和加工任務完成情況進行即時的記錄，製造商能夠及時、準確地獲得員工工作效率、勞動生產率、設備利用率、產品合格率等各項資料。而在生產資料的集成和分析中，企業也就能夠及時地發現執行過程中的問題，制訂對應的改善計畫。

第二步，全面分析

製造商想要依靠資訊化建設搶佔資料時代的先機，就必須懂得運用大數據技術對市場環境和自身狀況進行全面分析，依靠行銷資料庫，贏得顧客的信任與喜愛，如圖 12-8 所示。

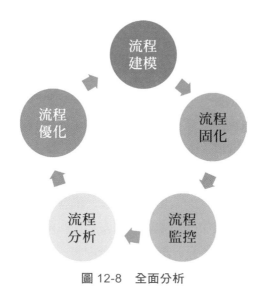

圖 12-8　全面分析

1. 環境分析：環境分析是企業資訊化規劃的依據所在，製造商需要對企業所處的國內外宏觀環境、產業環境進行深入分析，瞭解自身所具有的優勢與劣勢、面臨的發展機遇與威脅等資訊。

2. 企業戰略分析：任何企業在發展之前都需要一個明確的發展目標、發展戰略，只有明確了企業發展的總目標，製造商才能夠合理分配各個關鍵部門的工作任務，並把握住企業在產業結構、核心競爭力、企業文化等各方面的定位，進而確定資訊化和大數據應用的驅動因素，使之能夠與企業戰略達成融合。

3. 企業現狀分析：製造商必須對自身目前的生產能力和技術能力擁有詳細的認知，才能在之後的發展中避免用力過猛或過於謹慎。除此之外，製造商還需要在此過程中發現能夠提供企業核心競爭力的關鍵驅動力，進行彌補和加強。

4. 資訊化需求分析：當製造商對市場環境和自身狀況有了詳細的瞭解之後，就能夠明確企業的資訊化需求，如系統基礎網路平臺、應用系統、資訊安全、資料庫等需求，著手制訂適合企業未來發展的資訊化戰略和企業戰略。

5. 資訊化總體構架和標準分析：製造商需要從系統功能、資訊架構和系統體系三方面對資訊系統應用進行規劃，以確定資訊化體系結構的總體架構，並制訂相應的資訊科技標準，保證企業資訊化進程具有良好的可靠性、相容性、擴展性、靈活性、協調性和一致性。

6. 資訊化專案分解：在確定了資訊化總體架構之後，製造商就能夠將其分解為一個個項目，並對於每一個項目進行明確的定義，如項目範圍、業務前提、收入、優先次序，以及預計的時間、成本和資源，等等；進而對專案進行分派和管理，確定對每一專案的監控與管理的原則、過程和手段。

7. 資訊化保障分析：所謂保障性分析，就是對各個專案按重要性排列優先順序，並進行準備度評分，以初步做出取捨；再對保留下來的專案進行財務分析，根據公司財力狀況決定進一步的取捨。

在這樣一個完善的資訊化進程中，製造商就能夠利用建構企業行銷資料庫，按照顧客的需求，對生產的每個環節以及每個項目進行完善的管理，讓顧客需求成為生產的決定性因素，並讓資訊化和大數據成為關鍵性的驅動力量。

近年來，隨著網路、物聯網、雲端運算等技術的急速發展，資料量的暴漲促成了從 IT 時代到 DT 時代的轉變。此轉變對於許多產業而言，既是一次嚴峻挑戰，也是一次寶貴的機遇。

在這個需求決定生產的時代，製造商們必須正視製造技術的進步和現代化管理概念的普及。由於製造業整個價值鏈、製造業產品的整個生命週期，都涉及大量的資料，製造業企業的資料也將呈現出爆炸性增長的趨勢。在這種趨勢當中，製造商應該快速掌握精準行銷策略，快速定位顧客，並在此基礎上以個人化生產滿足顧客需求，快速提升企業競爭力，讓產品資訊化，以行銷資料庫致勝新時代！

共贏行銷：

精準行銷時代的雙贏未來

大數據技術的迅速發展，使得企業行銷也進入了精準行銷時代，
而在大數據與價值行銷共同建構出的智慧未來裡，人們究竟是要
繼續不斷地競爭，還是要在共用中達成雙贏未來？在共贏行銷
中，人們又應當如何保障自己的資料安全呢？資料思維將為你在
精準行銷時代創造新的發展機遇。

13.1　大數據與精準行銷建構智慧未來

如今，大數據與精準行銷已經改變了企業的經營方式和人們的日常生活方式，甚至是思維方式，大數據掀起的技術革命已經影響到了人類生產、生活的方方面面。隨著這場技術革命的深入開展，一幅智慧化的未來藍圖也逐漸展開。

無論是在國內還是國外，無論是在商業還是公共事業中，大數據技術發揮著巨大的作用。大數據技術的廣泛應用，使得各種硬體設備越來越小、越來越便宜，也讓各種軟體開始往雲端發展，走向智慧化。隨著物聯網、感應器的普及，每天產生的資料量將呈幾何式增長，在不遠的將來，大數據將能監視人們的一舉一動。

在智慧化的未來，人們的一舉一動都將產生資料。隨著這些資料上傳到雲端，任何一個能夠探索你全部資料的人，都能夠利用完善的演算法來預測你的每一個行為。

然而，火藥能成為武器，也能用來建設；核分裂技術是原子彈的核心，也讓人類距離世界的本源更近一步；大數據技術可能會讓你暴露在外，也能讓你享受智慧化的美好未來。

大數據未來趨勢就是要以資料驅動世界，軟體定義世界，自動化管理世界，它又是如何與精準行銷一起建構智慧未來的呢？如圖 13-1 所示。

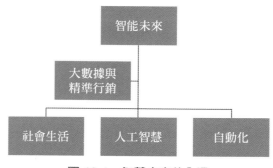

圖 13-1　智慧未來的內涵

第一，社會生活的深刻轉型

在網路時代，我們已經充分感受到了技術帶來的深刻變革，然而，從本質上來看，網路產業並沒有給人類社會帶來任何新的增值產品。吃的還是一樣的食物，穿的還是一樣的衣服；但網路卻引發了社會生活的深刻轉型─吃的不再是單純的食物，穿的也不再是單純的衣服。

人類的物質經濟已經十分發達，精神生活將成為未來人類追求的重點。正如網路促進了人類精神需求的滿足一樣，大數據技術作為最新的技術手段，讓精準行銷成為了可能，也成為了潮流；而精準行銷的本質就在於對人類個人化需求的滿足。

基於大數據分析，人類終將進入一個數位化的社會；在這樣的社會環境下，無論是服務效率還是服務效果都將得到極大提升。隨著人們衣食住行的數位化，以及零售、物流、餐飲，甚至是政府系統的數位化，效率將成為影響社會發展的關鍵。尤其是對於企業而言，誰最快發現顧客的個人化需求，誰最快推出滿足顧客個人化需求的產品或服務，誰就能夠贏得大數據時代精準行銷的勝利。

大數據的價值並不在於它能夠創造出多少新產品，而是在於它對社會生活深刻轉型的強大推動力。隨著全球化的深入發展，產業鏈的各個部分都將發生深刻的變革，「設計在美國、生產在中國、銷售在歐洲」的全球性合作將成為常態；而在這樣的產業鏈中，大數據技術正是最佳的橋樑和潤滑劑。

第二，解決人工智慧的難題

在人工智慧誕生之初，人們賦予了人工智慧無限的想像，甚至為人工智慧的未來制訂了「艾西莫夫機器人三定律」。然而，幾十年以來，人工智慧的發展卻比人們預料的慢得多。雖然在各種給定的確定問題和應用場景中，人工智慧都有著極為出色的表現；然而，人們不可能預先就設想好所有可能發生的場景設定相應的參數，人工智慧由此陷入困境。

但大數據技術卻為人工智慧的突破性發展賦予了更大的可能性。利用對各種資料的分析，電腦能夠自動找出背後的規律和應對策略，人類智慧的擴展性將在虛擬世界中得到呈現，也就使得人工智慧將具備真正的學習能力，並根據資料的變化，自動分析出新的問題計算出新的方法。

從理論上來說，一旦人工智慧具備了學習能力，它就將具備人類最重要的特質—創造力。這就表示，基於大數據的智慧分析，人工智慧將替代如今那些必須由人來完成的工作；這就表示人類生產生活的效率將進一步提高，而成本則將大大降低。而在如今，此理論正在變為現實。在過去，因材施教是具有充分教學經驗的老師的特權。而利用大數據技術，人們卻開發了一款西班牙語學習軟體「domingo」，可以根據學生的情況和能力，進行具有針對性的教育。

第三，建構自動化的未來

技術、資金的差異，使得各個企業、各個產業、各個地區為人們所提供的服務都有極大的差異。但如果人力被機器所取代，那麼，這些差異也將不復存在，而自動化則讓這些差異變成過去。從長遠來看，機器的成本必然低於人力的成本，機器將使得工廠可以在高原、冰川、沙漠為人類生產出各種各樣的產品。

電信產業為全球幾十億的顧客提供服務，而這也需要他們配置大量的客服才能解決顧客的各種問題。如今的自助服務被很多顧客看做雞肋，而大數據帶來的人工智慧將使得自助服務成為主流，人工服務成為輔助。

大數據與精準行銷的結合，可能無法達成全產業的完全自動化；但在自動化的進程當中，人力將得到極大的解放，人們也能夠開始追逐自己真正想要的生活，這未嘗不是對於人們個人化需求的另一種滿足。

第四，大數據技術與精準行銷

氾濫的同質化競爭已經成為當今時代不可爭議的事實，如果不想被永無盡頭的價格戰拖死，就應該主動走出這個惡性循環，去尋找自己的差異化發展道路。而當今時代的差異化必然是呈現在服務上的。

能夠滿足顧客使用需求的產品已經氾濫成災，如今的顧客需求更多地落在你所提供的服務之上。而服務的本質就在於及時、準確地探索並滿足顧客的需求，這也是精準行銷成為潮流的原因所在。

其實，在過去企業並不是不想實行精準行銷，但技術的限制使得他們只能探索出一些寬泛的資訊，卻無法再細緻地分析下去。而大數據技術則讓你擁有了這種技術手段，大數據技術能夠讓你準確地判斷「誰什麼時候在什麼地方做了什麼事情」，當所有的服務都變得有的放矢時，效率與效果都將達到最佳。

儘管大批企業認識到了大數據的重要性，但很多人卻沒有努力去利用大數據和大數據技術去完善自己的精準行銷，而是沉迷於對於大數據的競爭，搶奪資料、搶奪技術，卻不去研究如何使用。要讓大數據發揮出最大的力量，就必須懂得共用、懂得共贏。

在大數據與精準行銷建構的智慧未來中，大數據為人們帶來最具效率的生活，精準行銷將使得人們的個人化需求得到完全的滿足。而這一切卻需要你充分開發自己的共用精神，資料的共用、技術的共用，將帶來全社會的共贏。

13.2　資料與雲建構人類的共用未來

競爭似乎是人類生命的一部分，從人類社會形成開始，各種競爭就從來就沒有停止過。但人們真的不能停止競爭，學會共用嗎？在大數據時代，資料與雲將建構出人類的共用未來。

雲端已經開始走進大眾的視野，但大部分人只把雲端當成一個資料儲存的平臺：雲端儲存是讓使用者將資料儲存在雲端，即可在不同的設備上使用；雲端運算同樣如此，只是雲端運算企業可以使用你上傳的資料進行運算而已。在很多人看來，雲端就像是一家銀行，只是一個儲存資料的地方。

在一次訪談活動中，當記者詢問阿里雲雲端運算業務總經理陳金培認為自己的發展路徑與哪個企業相近時，陳金培的回答是「亞馬遜」，亞馬遜正是一個提供 IT 基礎設施為主的雲端平台。而在之後的回答中，陳金培卻主動提到了阿里雲的「野心」—「打造資料分享第一平臺」。他說：「阿里雲不光做雲端運算，其實我們是做以資料為中心的雲端運算。我們今天是在阿里巴巴集團的基礎上面做雲端運算，所以今天有一些例子，像今天的聚石塔，淘寶的開放平臺，今天不僅是一個雲端運算，是雲端運算加數據，就是 IT 技術加數據，然後提供給我們的使用者，讓他們去做很多事情。今天可能沒幾家公司對資料的理解有阿里巴巴集團這麼深入⋯⋯」

事實也確實如此，阿里雲之所以可以在大數據領域做到中國頂尖的地位，正是因為阿里巴巴旗下的淘寶、天貓平臺上沉澱了太多的資料，這些資料既包括了各種大、中、小、微企業，也包括了形形色色的顧客。而在大數據時代，資料就像傳統經濟時代的石油和資本一樣，是企業最重要的資產。也正是基於如此龐大的「戰略性資源」上，阿里雲才會將自己打造為一個以資料為中心的雲端運算平臺。一方面是為顧客提供 IT 基礎設施服務，而更重要的一方面則是利用這個半臺將顧客的資料沉澱下來，在未來探索出更大的價值。

舉個例子來說，如今的網路上充斥著各種社群平台和電商網站，行動智慧設備上也有各種 App，而在這些平臺上都有很多有價值的資料。當你的平臺還很小時，這些資料只適合你自己使用，以探索某一類顧客的資料價值；而當你的平臺逐漸做大時，就不止是某類顧客，而是包含了各種各樣的顧客，這就產生了各種各樣的資料；如果你將這些資料與其他人進行共用，就能在交互中產生新的價值。而阿里雲的目標正是打造出這樣一個資料分享平臺，讓人們可以在上面共用資料，創造新的價值。

我們可以看出，雲端並不光是資料儲存的銀行，而是整個大數據時代以及未來共用社會的中樞所在。在這個平臺之上，人們儲存著資料，也讓資料在流通中創造價值。雲端平台並不像很多人想像得那麼簡單，當成千上萬的企業集聚在一個雲端平台上時，就有不可計數的資料在不斷的交互之中，而這其中所能探索出的價值也是難以想像的。

雲端平台確實是一個名副其實的運算大師，無論是網格運算、分散式運算、平行運算，還是效能運算，都能夠在雲端平台上輕鬆進行。雲端運算是未來運算技術的聖杯，在可預見的未來，人們甚至不需要電腦主機，只需要一個小巧的金屬盒，就能夠利用網路達成網路運算。

眾多企業、科研機構、都市紛紛搶佔雲端，正是因為雲端被譽為未來共用社會的萬能鑰匙。這把萬能鑰匙不僅能夠為使用者提供先進的雲端運算技術，更為關鍵的是，在雲端平台上，使用者可以像用水、用電一樣輕易地獲取各種運算資源，共用運算技術、共用資料，這就是人類未來的共用社會，如圖 13-2 所示。

圖 13-2　雲端平台

麥卡錫曾經發出預言：「運算的能力，有一天會被組織起來，成為一種公共資源和公共事業。」而雲端平台正是將運算的能力組織在網路上，所有的硬

體運算能力、儲存能力、軟體執行能力以及資料都在「雲端」。對於那些微型企業而言，這就表示只需要極少的成本，就能夠獲得過去只有大企業才能支配的技術和資料資源。而當大中小企業以及顧客都能夠在這個平臺上獲利時，又有誰還會沉迷於殘酷的競爭之中呢？

13.3　資料安全是大勢所趨

資料已經成為當今時代最重要的資產，並影響著商業、基礎設施建設、政務等各個領域。根據國際資料公司的統計，「網路上的資料每年將增長 50%，每兩年便增加一倍，而目前世界上 90% 以上的資料是最近幾年才產生的。據預測，到 2020 年全球將總共擁有 35ZB 的資料量。」近年來，大數據的影響力也如其本身一樣在不斷增大，從網路領域向電信、金融、地產、貿易、物流等各行各業擴散。

大數據的爆炸式增長，使得眾多企業利用探索資料中蘊藏著的巨大價值，在資料時代脫穎而出，商業智慧市場也因此走向繁榮。在商業領域，已經有很多企業在決策時開始由「業務驅動」轉變為「資料驅動」，也只有如此，他們才有可能在新時代中以強有力的競爭優勢，發展成為產業的領導者。

在零售產業，大數據分析使得零售企業能夠即時掌握市場動態，制訂出更具針對性的商品組合和行銷策略；在電子商務產業，大數據使得商家能夠精準地找到自己的目標顧客，並迅速將產品或服務送到顧客面前；在服務產業，企業則能夠利用大數據滿足顧客的個人化需求；在公共事業領域，大數據也開始發揮出促進經濟發展、維護社會穩定的強大作用。

然而，在大數據的迅速發展與應用的同時，資料安全的問題也開始凸顯出來，資料安全所影響的不僅是個人隱私安全以及企業資訊安全，甚至會危害到國家安全。因此，當人們享受著大數據所帶來的各種便利的同時，濫用大數據的危害也逐漸顯現出來，資料安全必將成為大勢所趨，如圖 13-3 所示。

圖 13-3　資料存在安全隱患

第一，個人隱私安全

在大數據時代，個人想要防止外部資料商探索自己的資料幾乎是不可能的。目前來看，各大社交網站都不同程度地對其使用者的即時資料進行開放，這些資料都會被資料商收集到資料庫中。市場上還有一些專業的資料監測分析機構，利用分析人們在社交網站上發表的資訊以及智慧型手機的顯示位置等資料，就可以對某個人進行高精度的鎖定。在這種情況下，個人幾乎沒有隱私可言。據統計，只需要分析使用者 4 個曾經到過的位置點，分析機構就能夠識別出 95% 的使用者身份。

大數據的發展，一方面為企業進行精準行銷提供了可能，也讓使用者能夠以更低的價格獲得自己真正需要的商品；與此同時，醫療機構也能夠為使用者提供即時的健康服務，讓使用者的生活變得更為順暢、生活品質也大幅提升。但另一方面，大數據也使得個人隱私面臨洩露的可能，人們因此對於個人隱私安全的擔憂也逐漸增大。然而，正如歐巴馬在「稜鏡」監聽事件爆發後所說的：「你不能在擁有 100% 安全的情況下，同時擁有 100% 隱私和 100% 便利。」

2011 年 4 月初，全球最大的電子郵件行銷公司艾司隆發生了史上最嚴重的駭客入侵事件。在此事件中，大量的企業顧客名單和電子郵寄地址遭到洩露，受害企業甚至包括了摩根大通、第一資本集團、萬豪飯店、美國銀行、花旗銀行等重量級企業。就在當月底，索尼公司也遭到駭客攻擊，1 億份使用者帳戶資料洩露，Play Station 網路和 Qriocity 流媒體服務因此關閉了將近一個月，這為索尼公司帶來了高達 1.71 億美元的直接損失。近幾年來，資訊洩露時間頻繁發生，個人資訊安全問題甚囂塵上。

大數據時代帶來了嚴重的個人隱私安全問題，對此，各國政府也紛紛立法保護公眾隱私。美國就於 2012 年 2 月發佈了《顧客隱私權利法案》，我國政府也正在加緊推進關於個人隱私安全問題的立法工作。除了立法之外，相關企業也需要秉持商業道德，主動對使用者隱私資訊進行保護，而不是利用使用者資訊牟利。另外，顧客個人也應當注意保護個人資訊，避免在公開發布的訊息中透露自己的個人隱私資訊。

第二，企業資訊安全

在大數據時代，大數據對於企業而言是最重要的資產，企業不僅要學習如何利用這項資產達成增值，使得資料資產的價值最大化，也需要注重資料安全，提高企業應對網路攻擊的能力，降低資料洩露的風險並建立相關的應急預案。對於任何企業而言，大數據安全都是一場必要的鬥爭。

大數據分析不僅讓企業能夠獲取更多的商業價值，也讓駭客的攻擊能夠更為精準－駭客最大限度地收集更多有用資訊，如社交網路、郵件、微博、電子商務、電話和家庭住址等，為發起攻擊做準備。尤其當你的 VPN 帳號被駭客獲取時，駭客就可以獲取你在單位的工作資訊，進而入侵企業網路。

尤其是電子商務、金融等對於大數據分析有較高要求的企業，也將面臨更多的資料安全挑戰。由於需要進行更為複雜的分析預測、網路運算以及廣域網路感知等工作，駭客任何的一個會誤導目標資訊的提取和檢索的攻擊行為，都將為企業帶來極大的損失。而面對駭客或者競爭對手的攻擊，企業所要做的並不是將資料關在籠子裡，而是透過進一步集合大量資料，在各種關聯分

析中找到駭客的攻擊意圖，防止被駭客誤導。在大數據時代，大數據安全通常是與大數據業務相關聯的，因此，傳統的安全防護思維很難奏效，企業應當結合自己的大數據業務進行分析，以找出威脅所在，進而制訂具有針對性的解決方案。

第三，國家安全

在冷兵器時代，各國之間的抗爭都是真刀真槍的拼命；熱兵器時代只是讓戰場變得更大、造成的傷害更多；而在資料時代，國與國之間的戰場則「沒有了硝煙」。如今，各國的石油、天然氣、水、電、交通、金融、軍事都依賴網路與資料資訊，一旦這些資料資訊受損，國家甚至會一夜之間癱瘓。在今後的國家競爭中，決策的不可靠性、資訊的不安全性、網路的脆弱性、軍事戰略作用的下降和地理作用的消失等，都使國家安全受到了嚴峻的挑戰。

恐怖主義活動也將由自殺式襲擊轉變為網路恐怖主義，大數據涉及的領域之廣，使得恐怖主義可以利用網路侵入到人們生活的各個層面。因此，國家在保護自身安全時，同樣需要利用從金融、保險、零售、旅遊、房產等各個產業，收集巨量的個人資訊資料，將危害國家安全的威脅消滅在萌芽時期。

大數據時代讓個人隱私、企業資訊甚至是國家都面臨著極大的安全隱患，但要解決此隱患，同樣需要合理利用大數據技術，以做出更為積極的應對，如圖 13-4 所示。

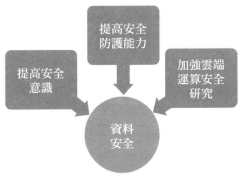

圖 13-4　保障資料安全的三個步驟

第一步，提高安全意識

資料就像是我們手中的鈔票，它能夠為我們帶來各種各樣的產品和服務，也使得我們面對各種犯罪。因此，當我們享受著大數據所帶來的便利，並不斷探索其中的價值時，也需要明白資料安全是大勢所趨，不斷提高自身的安全意識，盡可能地避免發生資料安全問題。

第二步，提高安全防護能力

如今，各個企業都有自己的安全防護軟體，以病毒、木馬等惡意軟體的侵害。然而，在大數據時代，隨著資料收集管道的增多以及資料量的增加，駭客、間諜的犯罪動機也愈發強烈，在更強的組織性和專業性的支持下，憑藉強大的作案工具，侵害手段也變得層出不窮。面對迅速增長的資料量，目前的安全防護軟體想要在一個大型網路的儲存中掃描出一個惡意軟體，可能需要幾天的時間，而到那時，一切都已來不及了。因而，在資料安全問題爆發之前，企業應當迅速提高自身的安全防護能力，安裝更先進的安全防護軟體，並引進更專業的技術人才。

第三步，加強雲端運算安全研究

雲端平台確實給很多人帶來了便利，各行各業都能夠利用雲端平台在「雲端」處理各項工作。也正因此，儲存有大量資料的雲端平台，對於駭客而言有著極大的吸引力，一旦攻陷一個雲端平台，駭客所能得到的資料以及利益是難以想像的。因此，在享受雲端平台所帶來極大便利的同時，雲服務提供者也需要加強自身的雲端運算安全研究，以保護使用者的資料安全。從使用者的角度來看，行動儲存設備仍然是必需的，關鍵性資料仍然需要保存在硬體當中，以免洩露或者丟失。

13.4 資料思維創造新的發展機遇

很多企業都感覺自己邁入了發展瓶頸期，前有網路企業的圍追堵截，後有同行們的步步相逼，傳統企業似乎已經找不到新的發展機遇。在這種困境下，資料思維則能夠說明企業創造出新的發展機遇。

要脫離困境，就離不開「創新」兩個字；而說到底，企業要創新，就離不開思維上的突破。中國的企業家大多是憑藉經驗思維，從企業的角度根據過往的經驗來做決策。但進入資料時代之後，企業的管理思維就需要從由內而外轉變為由外而內，從定性轉為量化，以真正的資料思維去應對資料時代的發展困境。資料思維則可以歸納為四個維度：量化、跨界、操作和實驗思維，如圖 13-5 所示。

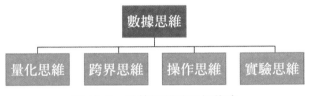

圖 13-5　數據思維的四個維度

其一，量化思維

大數據最重要的一個特性就是「一切皆可量化」。利用量化，我們就能對市場以及企業自身有一個理性的分析，而不再是單純地從經驗出發。大數據時代為我們帶來了很多定量的手段，如 POS 機、顧客消費記錄、電商網站、社交媒體等，利用收集這些資料我們就能對其進行完善的分析。

量化思維同樣能夠幫助我們創造新的發展機遇。例如，迪士尼樂園現在會對每個遊客發一個手環，這個手環其實就是一個簡單的可穿戴設備。它可以即時跟蹤你的位置，並告訴你樂園裡現在哪個項目的遊玩人數較多、哪個區域較為擁擠。在就餐時，店員也可以利用你的位置資料把你需要的食物快速送到你的手中。如果發生走失，也可以利用它來找到同伴。

其二，跨界思維

各種資料中所蘊含的價值是極為豐富的，同樣的一串資料中，可能會探索出對多個產業都有用的資料資訊，也能夠說明企業依靠這些資料達成跨界，在新的發展領域中找到發展機遇。

美國有個名為 GrubHub 的訂餐網站，只是很單純讓使用者在平臺上點餐，再讓餐館去送外賣，但它卻得到了非常高的估值。為什麼呢？因為 GrubHub 並不是單純地做一個訂餐平臺，而是在使用者消費的同時記錄其相關資料，包括愛吃什麼類型的食物、什麼口味的食物、什麼時候就餐的人多、有多少人，等等。利用探索這些資料資訊，GrubHub 不僅能夠為使用者提供最為精準的食物推薦，也能夠幫助合作餐館進行管理優化，讓他們得以在最恰當的時機購進足夠的原材料。GrubHub 的本業應當是一個訂餐的電商平臺，但實際上，GrubHub 已經成為一家營運諮詢服務提供者。

還有一家運動攝影機品牌 GoPro，使用者可以將它戴在身上或者其他任何地方，以拍出各種平時拍不出的照片，深受戶外運動愛好者的喜歡。作為一家硬體設備生產公司，GoPro 相當成功，使用者在拍攝完照片之後，也都習慣把照片上傳到 GoPro 的網站上。隨後，GoPro 找到一個專業的團隊對這些照片進行加工處理，使其更為專業化或趣味化。而利用這些照片，GoPro 也成功轉型為一家媒體公司，因為它手中掌握的是別人很難拍攝到的圖片資料，他們甚至還成立了一個電視頻道，專門播放使用者的戶外運動經歷。

當企業積累了足夠多的資料之後，就能夠依靠跨界思維迅速找到各種新的商業模式，達成資料價值的最大化。

其三，操作思維

當企業所需要處理的資料在一個很小的量級時，我們只需要依靠各種傳統的資料處理手段就能夠對其進行處理，其處理時間也就是幾分鐘和十幾分鐘的差別。但在大數據時代，面對巨量的資料，企業如果不能引進相應的技術手段的話，一次運算可能就需要幾十天的時間。利用各種手段迅速解決所遇到的問題，這就是操作思維的意義所在。

對於大部分企業而言，最為常見的一種演算法就是推薦演算法，就是利用類似顧客的行為來預測某一個顧客的消費行為。例如亞馬遜在做圖書推薦時，首先會根據使用者是否購買某本書將其標記為「1」和「0」，並採取與使用者消費偏好類似的顧客資料進行分析，在這裡，亞馬遜並不會採取更為專業的迴歸分析，而是採用較為簡單的相關分析。迴歸分析雖然能夠計算出更為精確的結果，但面對數以千萬計的資料，迴歸分析則顯得太慢，而相關分析則能夠在一秒內計算出結果，並進行即時更新。

很多零售企業都會在店內安裝攝影機，以防盜竊行為的發生；但在實際操作過程中，卻需要銷售人員進行對接。這就可能會造成這樣一種尷尬的局面：顧客只是進店來看看，並沒有很強的消費需求，這個時候銷售人員跑上去問「需不需要幫助？」顧客一下子就會覺得很尷尬，就直接走了。但有的時候顧客需要銷售人員的服務，可是銷售人員卻沒有及時上去詢問，顧客同樣可能會選擇離開。因此，萬寶龍就想了這樣一個方法，他們將一些非常有經驗的銷售人員集合到一起，開發了一個智慧專家系統；依靠這個系統，門店可以根據即時的錄影分析顧客是否需要服務，並將分析結果發送到銷售人員的智慧設備上，以提高服務效率和品質。這樣的操作思維使得萬寶龍的單個門店就能增加 20% 的銷售額，顧客也得到了更好的消費體驗。

操作思維實際上是一種將人的判斷與大數據技術相結合的思維模式。單純的技術分析所需要的時間可能較長，如果加入人的判斷，企業則可以找到最為合適的分析手段，而不一定是最專業、精確的技術。

其四，實驗思維

大數據時代為很多企業帶來的最大便利，就是可以快速進行很多實驗，依靠實驗結果得到優化的行銷策略。在實驗思維下，我們可以選擇最優的決策方案，因為我們可以在不斷的「試誤」中，快速找到適合市場的策略。

同樣以推薦演算法為例，由於大多數企業會採取相關分析這樣較為簡便的分析方法，其分析結果就可能存在差異。而在實驗思維下，企業則可以依靠各種實驗檢驗所使用的方法是否有效。如果我們單純地為每個使用者都提供推薦，我們就很難瞭解到企業業績的增長與推薦演算法之間的聯繫。因此，在實際運作過程中，我們可以為一半的使用者提供推薦，而對另一半的顧客不提供推薦，並將每個顧客的消費資料記錄下來；在進行為期半年以上的跟蹤之後，我們就能看出推薦演算法的實際運用效果如何。令人驚訝的是，相關分析的推薦演算法不僅能夠為企業帶來一定的短期成效，甚至能夠為企業帶來長期的效果。很多顧客可能沒有在這次購買推薦產品，但這些產品卻可能出現在顧客下一次的消費清單中。當我們發現推薦演算法的長期效果之後，電商平臺也能夠改變自己的商業模式，不再是根據使用者的點擊量收取企業的廣告費，而是直接收取年費。

資料思維的運用，能夠幫助企業從當前所處的困境中突圍而出，企業不再需要與同行們爭奪狹小的生存空間，而是找到新的發展機遇，在另一個市場上形成突破。

大數據之所以能夠成為當今時代最突出的特徵，正是因為立足於大數據，我們將進入智慧化的共用未來；在這樣的未來社會中，我們將得到更優質的生活享受和更高效的企業運作。而在邁入這樣的美好未來的進程當中，資料安全必將成為大勢所趨，也只有進一步地提升大數據技術，我們才能夠保護好自己的資料安全。誰掌握了資料，誰就將掌握了資料時代的制高點；而要依靠資料創造新的發展資料，則離不開定量、跨界、操作、實驗的資料思維。

網路+大數據：精準行銷的利器

作　　者：陳建英 / 黃演紅
譯　　者：胡為君
企劃編輯：莊吳行世
文字編輯：詹祐甯
設計裝幀：張寶莉
發 行 人：廖文良

發 行 所：碁峰資訊股份有限公司
地　　址：台北市南港區三重路 66 號 7 樓之 6
電　　話：(02)2788-2408
傳　　真：(02)8192-4433
網　　站：www.gotop.com.tw
書　　號：ACD014600
版　　次：2016 年 11 月初版
　　　　　2018 年 03 月初版二刷
建議售價：NT$380

國家圖書館出版品預行編目資料

網路+大數據：精準行銷的利器 / 陳建英, 黃演紅原著; 胡為君譯.
-- 初版. -- 臺北市：碁峰資訊, 2016.11
　面；　公分
ISBN 978-986-476-195-1(平裝)

1.網路行銷

496　　　　　　　　　　　　　　　105017408

讀者服務

● 感謝您購買碁峰圖書，如果您對本書的內容或表達上有不清楚的地方或其他建議，請至碁峰網站：「聯絡我們」\「圖書問題」留下您所購買之書籍及問題。(請註明購買書籍之書號及書名，以及問題頁數，以便能儘快為您處理)
http://www.gotop.com.tw

● 售後服務僅限書籍本身內容，若是軟、硬體問題，請您直接與軟體廠商聯絡。

● 若於購買書籍後發現有破損、缺頁、裝訂錯誤之問題，請直接將書寄回更換，並註明您的姓名、連絡電話及地址，將有專人與您連絡補寄商品。

● 歡迎至碁峰購物網
http://shopping.gotop.com.tw
選購所需產品。